安 装 工 程
施工全过程质量监控验收手册

侯君伟　吴　琏　主编

中国建筑工业出版社

图书在版编目（CIP）数据

安装工程施工全过程质量监控验收手册/侯君伟，吴琏
主编. —北京：中国建筑工业出版社，2015.8
ISBN 978-7-112-18281-7

Ⅰ.①安…　Ⅱ.①侯…②吴…　Ⅲ.①建筑安装工程-工
程施工-质量管理-工程验收-中国-技术手册　Ⅳ.①TU711-62

中国版本图书馆 CIP 数据核字（2015）第 161920 号

安装工程施工全过程质量监控验收手册

侯君伟　吴　琏　主编

*

中国建筑工业出版社出版、发行（北京西郊百万庄）
各地新华书店、建筑书店经销
北京红光制版公司制版
北京云浩印刷有限责任公司印刷

*

开本：850×1168 毫米　1/32　印张：9　字数：241 千字
2015 年 10 月第一版　　2015 年 10 月第一次印刷
定价：29.00 元
ISBN 978-7-112-18281-7
（27536）

本书是专为安装工程施工技术和管理人员在日常工作中对工程施工全过程质量监控及对新标准"速查"的需求而编写。主要内容有：建筑给水排水及供暖工程、通风与空调工程、建筑电气工程、电梯工程。

　　本书是从事安装工程施工技术人员、质量监督检查人员和监理人员必备工具书，可实现"一册在手、内容全有、查找迅速、使用顺手"。

＊　　＊　　＊

责任编辑：周世明
责任设计：张　虹
责任校对：刘　钰　赵　颖

前　　言

2002 年以后，我国对大多数国家标准建筑安装工程施工质量验收规范进行了全面修订。新标准与旧标准的最大区别在于对工程施工的全过程实现质量监控，即按检验批、分项、分部（或子分部）、单位（或子单位）工程的程序进行验收。

为了满足现场施工技术和管理便于对新标准"速查"的需要，编写了本手册，以便于从事建筑安装工程的施工技术人员、质量监督检查人员和监理人员能实现"一册在手、内容全有、查找迅速、使用顺手"。

编写引用的国家和行业标准共 4 项，基本涵盖了建筑设备安装工程施工内容。其中黑体字为必须遵守的强制性条文。

参加编写的人员还有陆岑、钟为德、王金富、王玲莉、牛犇、龚庆仪、王旸等。

目　　录

11

1. 建筑给水排水及供暖工程

1.1　施工过程质量控制

（1）建筑给水排水及供暖工程与相关各专业之间，应进行交接质量检验，并形成记录。

（2）隐蔽工程应在隐蔽前经验收各方检验合格后，才能隐蔽，并形成记录。

（3）地下室或地下构筑物外墙有管道穿过的，应采取防水措施。对有严格防水要求的建筑物，必须采用柔性防水套管。

（4）管道穿过结构伸缩缝、防震缝及沉降缝敷设时，应根据情况采取下列保护措施：

1）在墙体两侧采取柔性连接。

2）在管道或保温层外皮上、下部留有不小于 150mm 的净空。

3）在穿墙处做成方形补偿器，水平安装。

（5）在同一房间内，同类型的供暖设备、卫生器具及管道配件，除有特殊要求外，应安装在同一高度上。

（6）明装管道成排安装时，直线部分应互相平行。曲线部分：当管道水平或垂直并行时，应与直线部分保持等距；管道水平上下并行时，弯管部分的曲率半径应一致。

（7）管道支、吊、托架的安装，应符合下列规定：

1）位置正确，埋设应平整牢固。

2）固定支架与管道接触应紧密，固定应牢靠。

3）滑动支架应灵活，滑托与滑槽两侧间应留有 3～5mm 的间隙，纵向移动量应符合设计要求。

4）无热伸长管道的吊架、吊杆应垂直安装。

5）有热伸长管道的吊架、吊杆应向热膨胀的反方向偏移。

6）固定在建筑结构上的管道支、吊架不得影响结构的安全。

（8）钢管水平安装的支、吊架间距不应大于表 1-1-1 的规定。

钢管管道支架的最大间距　　　　表 1-1-1

公称直径（mm）		15	20	25	32	40	50	70	80	100	125	150	200	250	300
支架的最大间距（m）	保温管	2	2.5	2.5	2.5	3	3	4	4	4.5	6	7	7	8	8.5
	不保温管	2.5	3	3.5	4	4.5	5	6	6	6.5	7	8	9.5	11	12

（9）供暖、给水及热水供应系统的塑料管及复合管垂直或水平安装的支架间距应符合表 1-1-2 的规定。采用金属制作的管道支架，应在管道与支架间加衬非金属垫或套管。

塑料管及复合管管道支架的最大间距　　　　表 1-1-2

管径（mm）			12	14	16	18	20	25	32	40	50	63	75	90	110
最大间距（m）	立管		0.5	0.6	0.7	0.8	0.9	1.0	1.1	1.3	1.6	1.8	2.0	2.2	2.4
	水平管	冷水管	0.4	0.4	0.5	0.5	0.6	0.7	0.8	0.9	1.0	1.1	1.2	1.35	1.55
		热水管	0.2	0.2	0.25	0.3	0.3	0.35	0.4	0.5	0.6	0.7	0.8		

（10）铜管垂直或水平安装的支架间距应符合表 1-1-3 的规定。

铜管管道支架的最大间距　　　　表 1-1-3

公称直径（mm）		15	20	25	32	40	50	65	80	100	125	150	200
支架的最大间距（m）	垂直管	1.8	2.4	2.4	3.0	3.0	3.0	3.5	3.5	3.5	3.5	4.0	4.0
	水平管	1.2	1.8	1.8	2.4	2.4	2.4	3.0	3.0	3.0	3.0	3.5	3.5

（11）供暖、给水及热水供应系统的金属管道立管管卡安装应符合下列规定：

1）楼层高度不大于 5m，每层必须安装 1 个。

2）楼层高度大于 5m，每层不得少于 2 个。

3）管卡安装高度，距地面应为 1.5～1.8m，2 个以上管卡应匀称安装，同一房间管卡应安装在同一高度上。

（12）管道及管道支墩（座），严禁铺设在冻土和未经处理的松土上。

（13）管道穿过墙壁和楼板，宜设置金属或塑料套管。安装在楼板内的套管，其顶部应高出装饰地面 20mm；安装在卫生间及厨房内的套管，其顶部应高出装饰地面 50mm，底部应与楼板底面相平；安装在墙壁内的套管其两端与饰面相平。穿过楼板的套管与管道之间缝隙应用阻燃密实材料和防水油膏填实，端面光滑。穿墙套管与管道之间缝隙宜用阻燃密实材料填实，且端面应光滑。管道的接口不得设在套管内。

（14）弯制钢管，弯曲半径应符合下列规定：

1）热弯：应不小于管道外径的 3.5 倍。

2）冷弯：应不小于管道外径的 4 倍。

3）焊接弯头：应不小于管道外径的 1.5 倍。

4）冲压弯头：应不小于管道外径。

（15）管道接口应符合下列规定：

1）管道采用粘接接口，管端插入承口的深度不得小于表 1-1-4 的规定。

管端插入承口的深度 表 1-1-4

公称直径（mm）	20	25	32	40	50	75	100	125	150
插入深度（mm）	16	19	22	26	31	44	61	69	80

2）熔接连接管道的结合面应有一均匀的熔接圈，不得出现局部熔瘤或熔接圈凸凹不匀现象。

3）采用橡胶圈接口的管道，允许沿曲线敷设，每个接口的最大偏转角不得超过 2°。

4）法兰连接时衬垫不得凸入管内，其外边缘接近螺栓孔为宜。不得安放双垫或偏垫。

5）连接法兰的螺栓，直径和长度应符合标准，拧紧后，突出螺母的长度不应大于螺杆直径的 1/2。

6）螺纹连接管道安装后的管螺纹根部应有 2～3 扣的外露螺纹，多余的麻丝应清理干净并做防腐处理。

7）承插口采用水泥捻口时，油麻必须清洁、填塞密实，水泥应捻入并密实饱满，其接口面凹入承口边缘的深度不得大于2mm。

8）卡箍（套）式连接两管口端应平整、无缝隙，沟槽应均匀，卡紧螺栓后管道应平直，卡箍（套）安装方向应一致。

(16) 各种承压管道系统和设备应做水压试验，非承压管道系统和设备应做灌水试验。

1.2 室内给水系统安装

1.2.1 一般规定

（1）适用于工作压力不大于 1.0MPa 的室内给水和消火栓系统管道安装工程的质量检验与验收。

（2）给水管道必须采用与管材相适应的管件。生活给水系统所涉及的材料必须达到饮用水卫生标准。

（3）管径不大于 100mm 的镀锌钢管应采用螺纹连接，套丝扣时破坏的镀锌层表面及外露螺纹部分应做防腐处理；管径大于 100mm 的镀锌钢管应采用法兰或卡套式专用管件连接，镀锌钢管与法兰的焊接处应二次镀锌。

（4）给水塑料管和复合管可以采用橡胶圈接口、粘接接口、热熔连接、专用管件连接及法兰连接等形式。塑料管和复合管与金属管件、阀门等的连接应使用专用管件连接，不得在塑料管上套丝。

（5）给水铸铁管管道应采用水泥捻口或橡胶圈接口方式进行

连接。

（6）铜管连接可采用专用接头或焊接，当管径小于 22mm 时宜采用承插或套管焊接，承口应迎介质流向安装；当管径不小于 22mm 时宜采用对口焊接。

（7）给水立管和装有 3 个或 3 个以上配水点的支管始端，均应安装可拆卸的连接件。

（8）冷、热水管道同时安装应符合下列规定：

1）上、下平行安装时热水管应在冷水管上方。

2）垂直平行安装时热水管应在冷水管左侧。

1.2.2　给水管道及配件安装

1.2.2.1　主控项目

（1）室内给水管道的水压试验必须符合设计要求。当设计未注明时，各种材质的给水管道系统试验压力均为工作压力的 1.5 倍，但不得小于 0.6MPa。

检验方法：金属及复合管给水管道系统在试验压力下观测 10min，压力降不应大于 0.02MPa，然后降到工作压力进行检查，应不渗不漏；塑料管给水系统应在试验压力下稳压 1h，压力降不得超过 0.05MPa，然后在工作压力的 1.15 倍状态下稳压 2h，压力降不得超过 0.03MPa，同时检查各连接处不得渗漏。

（2）给水系统交付使用前必须进行通水试验并做好记录。

检验方法：观察和开启阀门、水嘴等放水。

（3）生产给水系统管道在交付使用前必须冲洗和消毒，并经有关部门取样检验，符合国家《生活饮用水标准》方可使用。

检验方法：检查有关部门提供的检测报告。

（4）室内直埋给水管道（塑料管道和复合管道除外）应做防腐处理。埋地管道防腐层材质和结构应符合设计要求。

检验方法：观察或局部解剖检查。

1.2.2.2　一般项目

（1）给水引入管与排水排出管的水平净距不得小于 1m。室内给水与排水管道平行敷设时，两管间的最小水平净距不得小于

0.5m；交叉铺设时，垂直净距不得小于0.15m。给水管应铺在排水管上面，若给水管必须铺在排水管的下面时，给水管应加套管，其长度不得小于排水管管径的3倍。

检验方法：尺量检查。

（2）管道及管件焊接的焊缝表面质量应符合下列要求：

1）焊缝外形尺寸应符合图纸和工艺文件的规定，焊缝高度不得低于母材表面，焊缝与母材应圆滑过渡。

2）焊缝及热影响区表面应无裂纹、未熔合、未焊透、夹渣、弧坑和气孔等缺陷。

检验方法：观察检查。

（3）给水水平管道应有2‰～5‰的坡度坡向泄水装置。

检验方法：水平尺和尺量检查。

（4）给水管道和阀门安装的允许偏差应符合表1-2-1的规定。

管道和阀门安装的允许偏差和检验方法　　　　　表1-2-1

项次	项　　　　目			允许偏差 （mm）	检验方法
1	水平管道纵横方向弯曲	钢管	每米 全长25m以上	1 ≤25	用水平尺、直尺、拉线和尺量检查
		塑料管复合管	每米 全长25m以上	1.5 ≤25	
		铸铁管	每米 全长25m以上	2 ≤25	
2	立管垂直度	钢管	每米 5m以上	3 ≤8	吊线和尺量检查
		塑料管复合管	每米 5m以上	2 ≤8	
		铸铁管	每米 5m以上	3 ≤10	
3	成排管段和成排阀门	在同一平面上间距		3	尺量检查

（5）管道的支、吊架安装应平整牢固，其间距应符合1.2.1

施工过程质量控制第（8）条、第（9）条或第（10）条的规定。

检验方法：观察、尺量及手扳检查。

（6）水表应安装在便于检修、不受曝晒、污染和冻结的地方。安装螺翼式水表，表前与阀门应有不小于 8 倍水表接口直径的直线管段。表外壳距墙表面净距为 10～30mm；水表进水口中心标高按设计要求，允许偏差为±10mm。

检验方法：观察和尺量检查。

1.2.3　室内消火栓系统安装

1.2.3.1　主控项目

室内消火栓系统安装完成后应取屋顶层（或水箱间内）试验消火栓和首层取二处消火栓做试射试验，达到设计要求为合格。

检验方法：实地试射检查。

1.2.3.2　一般项目

（1）安装消火栓水龙带，水龙带与水枪和快速接头绑扎好后，应根据箱内构造将水龙带挂放在箱内的挂钉、托盘或支架上。

检验方法：观察检查。

（2）箱式消火栓的安装应符合下列规定：

1）栓口应朝外，并不应安装在门轴侧。

2）栓口中心距地面为 1.1m，允许偏差±20mm。

3）阀门中心距箱侧面为 140mm，距箱后内表面为 100mm，允许偏差±5mm。

4）消火栓箱体安装的垂直度允许偏差为 3mm。

检验方法：观察和尺量检查。

1.2.4　给水设备安装

1.2.4.1　主控项目

（1）水泵就位前的基础混凝土强度、坐标、标高、尺寸和螺栓孔位置必须符合设计规定。

检验方法：对照图纸用仪器和尺量检查。

（2）水泵试运转的轴承温升必须符合设备说明书的规定。

检验方法：温度计实测检查。

（3）敞口水箱的满水试验和密闭水箱（罐）的水压试验必须符合设计与本规范的规定。

检验方法：满水试验静置 24h 观察，不渗不漏；水压试验在试验压力下 10min 压力不降，不渗不漏。

1.2.4.2　一般项目

（1）水箱支架或底座安装，其尺寸及位置应符合设计规定，埋设平整牢固。

检验方法：对照图纸，尺量检查。

（2）水箱溢流管和泄放管应设置在排水地点附近但不得与排水管直接连接。

检验方法：观察检查。

（3）立式水泵的减振装置不应采用弹簧减振器。

检验方法：观察检查。

（4）室内给水设备安装的允许偏差应符合表 1-2-2 的规定。

室内给水设备安装的允许偏差和检验方法　　　　　表 1-2-2

项次	项　　目			允许偏差（mm）	检验方法
1	静置设备	坐　标		15	经纬仪或拉线、尺量
		标　高		±5	用水准仪、拉线和尺量检查
		垂直度（每米）		5	吊线和尺量检查
2	离心式水泵	立式泵体垂直度（每米）		0.1	水平尺和塞尺检查
		卧式泵体水平度（每米）		0.1	水平尺和塞尺检查
		联轴器同心度	轴向倾斜（每米）	0.8	在联轴器互相垂直的四个位置上用水准仪、百分表或测微螺钉和塞尺检查
			径向位移	0.1	

（5）管道及设备保温层的厚度和平整度的允许偏差应符合表 1-2-3 的规定。

管道及设备保温的允许偏差和检验方法　　表 1-2-3

项次	项　目		允许偏差 （mm）	检 验 方 法
1	厚　度		$+0.1\delta$ -0.05δ	用钢针刺入
2	表面 平整度	卷　材	5	用 2m 靠尺和楔形塞尺检查
		涂　抹	10	

注：δ 为保温层厚度。

1.3　室内排水系统安装

1.3.1　一般规定

（1）适用于室内排水管道、雨水管道安装工程的质量检验与验收。

（2）生活污水管道应使用塑料管、铸铁管或混凝土管（由成组洗脸盆或饮用喷水器到共用水封之间的排水管和连接卫生器具的排水短管，可使用钢管）。

雨水管道宜使用塑料管、铸铁管、镀锌和非镀锌钢管或混凝土管等。

悬吊式雨水管道应选用钢管、铸铁管或塑料管。易受振动的雨水管道（如锻造车间等）应使用钢管。

1.3.2　排水管道及配件安装

1.3.2.1　主控项目

（1）隐蔽或埋地的排水管道在隐蔽前必须做灌水试验，其灌水高度应不低于底层卫生器具的上边缘或底层地面高度。

检验方法：满水 15min 水面下降后，再灌满观察 5min，液面不降，管道及接口无渗漏为合格。

（2）生活污水铸铁管道的坡度必须符合设计或表 1-3-1 的规定。

生活污水铸铁管道的坡度 表 1-3-1

项　次	管　径（mm）	标准坡度（‰）	最小坡度（‰）
1	50	35	25
2	75	25	15
3	100	20	12
4	125	15	10
5	150	10	7
6	200	8	5

检验方法：水平尺、拉线尺量检查。

（3）生活污水塑料管道的坡度必须符合设计或表 1-3-2 的规定。

生活污水塑料管道的坡度 表 1-3-2

项　次	管　径（mm）	标准坡度（‰）	最小坡度（‰）
1	50	25	12
2	75	15	8
3	110	12	6
4	125	10	5
5	160	7	4

检验方法：水平尺、拉线尺量检查。

（4）排水塑料管必须按设计要求及位置装设伸缩节。如设计无要求时，伸缩节间距不得大于 4m。

高层建筑中明设排水塑料管道应按设计要求设置阻火圈或防火套管。

检验方法：观察检查。

（5）排水主立管及水平干管管道均应做通球试验，通球球径不小于排水管道管径的 2/3，通球率必须达到 100%。

检查方法：通球检查。

1.3.2.2　一般项目

（1）在生活污水管道上设置的检查口或清扫口，当设计无要求时应符合下列规定：

1）在立管上应每隔一层设置一个检查口，但在最底层和有卫生器具的最高层必须设置。如为两层建筑时，可仅在底层设置立管检查口；如有乙字弯管时，则在该层乙字弯管的上部设置检查口。检查口中心高度距操作地面一般为 1m，允许偏差±20mm;检查口的朝向应便于检修。暗装立管，在检查口处应安装检修门。

2）在连接 2 个及 2 个以上大便器或 3 个及 3 个以上卫生器具的污水横管上应设置清扫口。当污水管在楼板下悬吊敷设时，可将清扫口设在上一层楼地面上，污水管起点的清扫口与管道相垂直的墙面距离不得小于 200mm；若污水管起点设置堵头代替清扫口时，与墙面距离不得小于 400mm。

3）在转角小于 135°的污水横管上，应设置检查口或清扫口。

4）污水横管的直线管段，应按设计要求的距离设置检查口或清扫口。

检验方法：观察和尺量检查。

（2）埋在地下或地板下的排水管道的检查口，应设在检查井内。井底表面标高与检查口的法兰相平，井底表面应有 5% 坡度，坡向检查口。

检验方法：尺量检查。

（3）金属排水管道上的吊钩或卡箍应固定在承重结构上。固定件间距：横管不大于 2m;立管不大于 3m。楼层高度小于或等于 4m，立管可安装 1 个固定件。立管底部的弯管处应设支墩或采取固定措施。

检验方法：观察和尺量检查。

（4）排水塑料管道支、吊架间距应符合表 1-3-3 的规定。

排水塑料管道支吊架最大间距（单位：m）　　　表 1-3-3

管径（mm）	50	75	110	125	160
立　　管	1.2	1.5	2.0	2.0	2.0
横　　管	0.5	0.75	1.10	1.30	1.6

检验方法：尺量检查。

（5）排水通气管不得与风道或烟道连接，且应符合下列规定：

1）通气管应高出屋面 300mm，但必须大于最大积雪厚度。

2）在通气管出口 4m 以内有门、窗时，通气管应高出门、窗顶 600mm 或引向无门、窗一侧。

3）在经常有人停留的平屋顶上，通气管应高出屋面 2m，并应根据防雷要求设置防雷装置。

4）屋顶有隔热层应从隔热层板面算起。

检验方法：观察和尺量检查。

（6）安装未经消毒处理的医院含菌污水管道，不得与其他排水管道直接连接。

检验方法：观察检查。

（7）饮食业工艺设备引出的排水管及饮用水水箱的溢流管，不得与污水管道直接连接，并应留出不小于 100mm 的隔断空间。

检验方法：观察和尺量检查。

（8）通向室外的排水管，穿过墙壁或基础必须下返时，应采用 45°三通和 45°弯头连接，并应在垂直管段顶部设置清扫口。

检验方法：观察和尺量检查。

（9）由室内通向室外排水检查井的排水管，井内引入管应高于排出管或两管顶相平，并有不小于 90°的水流转角，如跌落差大于 300mm 可不受角度限制。

检验方法：观察和尺量检查。

（10）用于室内排水的水平管道与水平管道、水平管道与立管的连接，应采用 45°三通或 45°四通和 90°斜三通或 90°斜四通。立管与排出管端部的连接，应采用两个 45°弯头或曲率半径不小于 4 倍管径的 90°弯头。

检验方法：观察和尺量检查。

（11）室内排水管道安装的允许偏差应符合表 1-3-4 的相关

规定。

室内排水和雨水管道安装的

允许偏差和检验方法　　　　表 1-3-4

项次	项　　目				允许偏差（mm）	检验方法
1	坐　　　标				15	
2	标　　　高				±15	
3	横管纵横方向弯曲	铸铁管	每 1m		≤1	用水准仪（水平尺）、直尺、拉线和尺量检查
			全长（25m 以上）		≤25	
		钢　管	每 1m	管径不大于 100mm	1	
				管径大于 100mm	1.5	
			全长（25m 以上）	管径不大于 100mm	≤25	
				管径大于 100mm	≤38	
		塑料管	每 1m		1.5	
			全长（25m 以上）		≤38	
		钢筋混凝土管、混凝土管	每 1m		3	
			全长（25m 以上）		≤75	
4	立管垂直度	铸铁管	每 1m		3	吊线和尺量检查
			全长（5m 以上）		≤15	
		钢　管	每 1m		3	
			全长（5m 以上）		≤10	
		塑料管	每 1m		3	
			全长（5m 以上）		≤15	

1.3.3　雨水管道及配件安装

1.3.3.1　主控项目

（1）安装在室内的雨水管道安装后应做灌水试验，灌水高度必须到每根立管上部的雨水斗。

检验方法：灌水试验持续 1h，不渗不漏。

（2）雨水管道如采用塑料管，其伸缩节安装应符合设计

13

要求。

检验方法：对照图纸检查。

（3）悬吊式雨水管道的敷设坡度不得小于 5‰；埋地雨水管道的最小坡度，应符合表 1-3-5 的规定。

地下埋设雨水排水管道的最小坡度

表 1-3-5

项　次	管　径（mm）	最小坡度（‰）
1	50	20
2	75	15
3	100	8
4	125	6
5	150	5
6	200～400	4

检验方法：水平尺、拉线尺量检查。

1.3.3.2　一般项目

（1）雨水管道不得与生活污水管道相连接。

检验方法：观察检查。

（2）雨水斗管的连接应固定在屋面承重结构上。雨水斗边缘与屋面相连处应严密不漏。连接管管径当设计无要求时，不得小于 100mm。

检验方法：观察和尺量检查。

（3）悬吊式雨水管道的检查口或带法兰堵口的三通的间距不得大于表 1-3-6 的规定。

悬吊管检查口间距

表 1-3-6

项　次	悬吊管直径（mm）	检查口间距（m）
1	≤150	≤15
2	≥200	≤20

检验方法：拉线、尺量检查。

（4）雨水管道安装的允许偏差应符合表 1-3-4 的规定。

（5）雨水钢管管道焊接的焊口允许偏差应符合表 1-3-7 的规定。

钢管管道焊口允许偏差和检验方法　　　　表 1-3-7

项次	项　目		允许偏差	检验方法
1	焊口平直度	管壁厚 10mm 以内	管壁厚 1/4	焊接检验尺和游标卡尺检查
2	焊缝加强面	高　度	＋1mm	
		宽　度		
3	咬边	深　度	小于 0.5mm	直尺检查
	长度	连续长度	25mm	
		总长度（两侧）	小于焊缝长度的 10%	

1.4　室内热水供应系统安装

1.4.1　一般规定

（1）适用于工作压力不大于 1.0MPa，热水温度不超过 75℃ 的室内热水供应管道安装工程的质量检验与验收。

（2）热水供应系统的管道应采用塑料管、复合管、镀锌钢管和铜管。

（3）热水供应系统管道及配件安装应按 1.2.2 给水管道及配件安装相关规定执行。

1.4.2　管道及配件安装

1.4.2.1　主控项目

（1）热水供应系统安装完毕，管道保温之前应进行水压试验。试验压力应符合设计要求。当设计未注明时，热水供应系统水压试验压力应为系统顶点的工作压力加 0.1MPa，同时在系统顶点的试验压力不小于 0.3MPa。

检验方法：钢管或复合管道系统试验压力下 10min 内压力降不大于 0.02MPa，然后降至工作压力检查，压力应不降，且不渗不漏；塑料管道系统在试验压力下稳压 1h，压力降不得超过 0.05MPa，然后在工作压力 1.15 倍状态下稳压 2h，压力降不得超过 0.03MPa，连接处不得渗漏。

（2）热水供应管道应尽量利用自然弯补偿热伸缩，直线段过长则应设置补偿器。补偿器型式、规格、位置应符合设计要求，并按有关规定进行预拉伸。

检验方法：对照设计图纸检查。

（3）热水供应系统竣工后必须进行冲洗。

检验方法：现场观察检查。

1.4.2.2 一般项目

（1）管道安装坡度应符合设计规定。

检验方法：水平尺、拉线尺量检查。

（2）温度控制器及阀门应安装在便于观察和维护的位置。

检验方法：观察检查。

（3）热水供应管道和阀门安装的允许偏差应符合表 1-2-1 的规定。

（4）热水供应系统管道应保温（浴室内明装管道除外），保温材料、厚度、保护壳等应符合设计规定。保温层厚度和平整度的允许偏差应符合表 1-2-3 的规定。

1.4.3 辅助设备安装

1.4.3.1 主控项目

（1）在安装太阳能集热器玻璃前，应对集热排管和上、下集管作水压试验，试验压力为工作压力的 1.5 倍。

检验方法：试验压力下 10min 内压力不降，不渗不漏。

（2）热交换器应以工作压力的 1.5 倍作水压试验。蒸汽部分应不低于蒸汽供汽压力加 0.3MPa；热水部分应不低于0.4MPa。

检验方法：试验压力下10min内压力不降，不渗不漏。

（3）水泵就位前的基础混凝土强度、坐标、标高、尺寸和螺栓孔位置必须符合设计要求。

检验方法：对照图纸用仪器和尺量检查。

（4）水泵试运转的轴承温升必须符合设备说明书的规定。

检验方法：温度计实测检查。

（5）敞口水箱的满水试验和密闭水箱（罐）的水压试验必须符合设计与本章的规定。

检验方法：满水试验静置 24h，观察不渗不漏；水压试验在试验压力下 10min 压力不降，不渗不漏。

1.4.3.2　一般项目

（1）安装固定式太阳能热水器，朝向应正南。如受条件限制时，其偏移角不得大于 15°。集热器的倾角，对于春、夏、秋三个季节使用的，应采用当地纬度为倾角；若以夏季为主，可比当地纬度减少 10°。

检验方法：观察和分度仪检查。

（2）由集热器上、下集管接往热水箱的循环管道，应有不小于 5‰ 的坡度。

检验方法：尺量检查。

（3）自然循环的热水箱底部与集热器上集管之间的距离为 0.3～1.0m。

检验方法：尺量检查。

（4）制作吸热钢板凹槽时，其圆度应准确，间距应一致。安装集热排管时，应用卡箍和钢丝紧固在钢板凹槽内。

检验方法：手扳和尺量检查。

（5）太阳能热水器的最低处应安装泄水装置。

检验方法：观察检查。

（6）热水箱及上、下集管等循环管道均应保温。

检验方法：观察检查。

（7）凡以水作介质的太阳能热水器，在 0℃ 以下地区使用，应采取防冻措施。

检验方法：观察检查。

（8）热水供应辅助设备安装的允许偏差应符合表 1-2-2 的规定。

（9）太阳能热水器安装的允许偏差应符合表 1-4-1 的规定。

太阳能热水器安装的允许
偏差和检验方法　　　　　　　　表 1-4-1

项　　目			允许偏差	检验方法
板式直管太阳能热水器	标　高	中心线距地面（mm）	±20	尺　量
	固定安装朝向	最大偏移角	不大于 15°	分度仪检查

1.5　卫生器具安装

1.5.1　一般规定

（1）适用于室内污水盆、洗涤盆、洗脸（手）盆、盥洗槽、浴盆、淋浴器、大便器、小便器、小便槽、大便冲洗槽、妇女卫生盆、化验盆、排水栓、地漏、加热器、煮沸消毒器和饮水器等卫生器具安装的质量检验与验收。

（2）卫生器具的安装应采用预埋螺栓或膨胀螺栓安装固定。

（3）卫生器具安装高度如设计无要求时，应符合表 1-5-1 的规定。

卫生器具的安装高度　　　　　　　表 1-5-1

项次	卫生器具名称		卫生器具安装高度（mm）		备　注
			居住和公共建筑	幼儿园	
1	污水盆（池）	架空式	800	800	
		落地式	500	500	
2	洗涤盆（池）		800	800	
3	洗脸盆、洗手盆（有塞、无塞）		800	500	自地面至器具上边缘
4	盥洗槽		800	500	
5	浴盆		≤520		
6	蹲式大便器	高水箱	1800	1800	自台阶面至高水箱底
		低水箱	900	900	自台阶面至低水箱底

18

项次	卫生器具名称			卫生器具安装高度（mm）		备注
				居住和公共建筑	幼儿园	
7	坐式大便器	高水箱		1800	1800	自地面至高水箱底 自地面至低水箱底
		低水箱	外露排水管式	510		
			虹吸喷射式	470	370	
8	小便器	挂式		600	450	自地面至下边缘
9	小便槽			200	150	自地面至台阶面
10	大便槽冲洗水箱			≥2000		自台阶面至水箱底
11	妇女卫生盆			360		自地面至器具上边缘
12	化验盆			800		自地面至器具上边缘

（4）卫生器具给水配件的安装高度，如设计无要求时，应符合表1-5-2的规定。

卫生器具给水配件的安装高度 表1-5-2

项次	给水配件名称		配件中心距地面高度（mm）	冷热水龙头距离（mm）
1	架空式污水盆（池）水龙头		1000	—
2	落地式污水盆（池）水龙头		800	
3	洗涤盆（池）水龙头		1000	150
4	住宅集中给水龙头		1000	
5	洗手盆水龙头		1000	
6	洗脸盆	水龙头（上配水）	1000	150
		水龙头（下配水）	800	150
		角阀（下配水）	450	—

项次	给水配件名称		配件中心距地面高度（mm）	冷热水龙头距离（mm）
7	盥洗槽	水龙头	1000	150
		冷热水管上下并行　其中热水龙头	1100	150
8	浴盆	水龙头（上配水）	670	150
9	淋浴器	截止阀	1150	95
		混合阀	1150	
		淋浴喷头下沿	2100	—
10	蹲式大便器（台阶面算起）	高水箱角阀及截止阀	2040	
		低水箱角阀	250	—
		手动式自闭冲洗阀	600	—
		脚踏式自闭冲洗阀	150	—
		拉管式冲洗阀（从地面算起）	1600	—
		带防污助冲器阀门（从地面算起）	900	—
11	坐式大便器	高水箱角阀及截止阀	2040	
		低水箱角阀	150	—
12	大便槽冲洗水箱截止阀（从台阶面算起）		≥2400	—
13	立式小便器角阀		1130	—
14	挂式小便器角阀及截止阀		1050	—
15	小便槽多孔冲洗管		1100	
16	实验室化验水龙头		1000	
17	妇女卫生盆混合阀		360	

注：装设在幼儿园内的洗手盆、洗脸盆和盥洗槽水嘴中心离地面安装高度应为700mm，
其他卫生器具给水配件的安装高度，应按卫生器具实际尺寸相应减少。

1.5.2 卫生器具安装

1.5.2.1 主控项目

（1）排水栓和地漏的安装应平正、牢固，低于排水表面，周边无渗漏。地漏水封高度不得小于50mm。

检验方法：试水观察检查。

（2）卫生器具交工前应做满水和通水试验。

检验方法：满水后各连接件不渗不漏；通水试验给、排水畅通。

1.5.2.2 一般项目

（1）卫生器具安装的允许偏差应符合表1-5-3的规定。

卫生器具安装的允许偏差和检验方法 表1-5-3

项次	项　　目		允许偏差（mm）	检验方法
1	坐标	单独器具	10	拉线、吊线和尺量检查
		成排器具	5	
2	标高	单独器具	±15	
		成排器具	±10	
3	器具水平度		2	用水平尺和尺量检查
4	器具垂直度		3	吊线和尺量检查

（2）有饰面的浴盆，应留有通向浴盆排水口的检修门。

检验方法：观察检查。

（3）小便槽冲洗管，应采用镀锌钢管或硬质塑料管。冲洗孔应斜向下方安装，冲洗水流同墙面成45°角。镀锌钢管钻孔后应进行二次镀锌。

检验方法：观察检查。

（4）卫生器具的支、托架必须防腐良好，安装平整、牢固，与器具接触紧密、平稳。

检验方法：观察和手扳检查。

1.5.3 卫生器具给水配件安装

1.5.3.1 主控项目

卫生器具给水配件应完好无损伤，接口严密，启闭部分灵活。

检验方法：观察及手扳检查。

1.5.3.2 一般项目

（1）卫生器具给水配件安装标高的允许偏差应符合表1-5-4的规定。

（2）浴盆软管淋浴器挂钩的高度，如设计无要求，应距地面1.8m。

检验方法：尺量检查。

卫生器具给水配件安装标高

的允许偏差和检验方法　　　　　　　　表 1-5-4

项次	项　　目	允许偏差 （mm）	检验方法
1	大便器高、低水箱角阀及截止阀	±10	
2	水嘴	±10	
3	淋浴器喷头下沿	±15	尺量检查
4	浴盆软管淋浴器挂钩	±20	

1.5.4 卫生器具排水管道安装

1.5.4.1 主控项目

（1）与排水横管连接的各卫生器具的受水口和立管均应采取妥善可靠的固定措施；管道与楼板的接合部位应采取牢固可靠的防渗、防漏措施。

检验方法：观察和手扳检查。

（2）连接卫生器具的排水管道接口应紧密不漏，其固定支架、管卡等支撑位置应正确、牢固，与管道的接触应平整。

检验方法：观察及通水检查。

1.5.4.2 一般项目

（1）卫生器具排水管道安装的允许偏差应符合表 1-5-5 的规定。

卫生器具排水管道安装的
允许偏差及检验方法　　　　　　　表 1-5-5

项次	检查项目		允许偏差（mm）	检验方法
1	横管弯曲度	每 1m 长	2	用水平尺量检查
		横管长度≤10m，全长	<8	
		横管长度>10m，全长	10	
2	卫生器具的排水管口及横支管的纵横坐标	单独器具	10	用尺量检查
		成排器具	5	
3	卫生器具的接口标高	单独器具	±10	用水平尺和尺量检查
		成排器具	±5	

（2）连接卫生器具的排水管管径和最小坡度，如设计无要求时，应符合表 1-5-6 的规定。

连接卫生器具的排水管
管径和最小坡度　　　　　　　表 1-5-6

项次	卫生器具名称	排水管管径（mm）	管道的最小坡度（‰）
1	污水盆（池）	50	25
2	单、双格洗涤盆（池）	50	25
3	洗手盆、洗脸盆	32～50	20
4	浴盆	50	20
5	淋浴器	50	20

项次	卫生器具名称		排水管管径（mm）	管道的最小坡度（‰）
6	大便器	高、低水箱	100	12
		自闭式冲洗阀	100	12
		拉管式冲洗阀	100	12
7	小便器	手动、自闭式冲洗阀	40～50	20
		自动冲洗水箱	40～50	20
8	化验盆（无塞）		40～50	25
9	净身器		40～50	20
10	饮水器		20～50	10～20
11	家用洗衣机		50（软管为30）	

检验方法：用水平尺和尺量检查。

1.6 室内供暖系统安装

1.6.1 一般规定

（1）适用于饱和蒸汽压力不大于 0.7MPa，热水温度不超过 130℃的室内供暖系统安装工程的质量检验与验收。

（2）焊接钢管的连接，管径不大于 32mm，应采用螺纹连接；管径大于32mm，采用焊接。镀锌钢管的连接见 1.2.1 一般规定第（3）条。

1.6.2 管道及配件安装

1.6.2.1 主控项目

（1）管道安装坡度，当设计未注明时，应符合下列规定：

1）气、水同向流动的热水供暖管道和汽、水同向流动的蒸汽管道及凝结水管道，坡度应为 3‰，不得小于 2‰；

2）气、水逆向流动的热水供暖管道和汽、水逆向流动的蒸汽管道，坡度不应小于5‰；

3）散热器支管的坡度应为 1%，坡向应利于排气和泄水。

检验方法：观察，水平尺、拉线、尺量检查。

（2）补偿器的型号、安装位置及预拉伸和固定支架的构造及安装位置应符合设计要求。

检验方法：对照图纸，现场观察，并查验预拉伸记录。

（3）平衡阀及调节阀型号、规格、公称压力及安装位置应符合设计要求。安装完后应根据系统平衡要求进行调试并作出标志。

检验方法：对照图纸查验产品合格证，并现场查看。

（4）蒸汽减压阀和管道及设备上安全阀的型号、规格、公称压力及安装位置应符合设计要求。安装完毕后应根据系统工作压力进行调试，并做出标志。

检验方法：对照图纸查验产品合格证及调试结果证明书。

（5）方形补偿器制作时，应用整根无缝钢管煨制，如需要接口，其接口应设在垂直臂的中间位置，且接口必须焊接。

检验方法：观察检查。

（6）方形补偿器应水平安装，并与管道的坡度一致；如其臂长方向垂直安装必须设排气及泄水装置。

检验方法：观察检查。

1.6.2.2 一般项目

（1）热量表、疏水器、除污器、过滤器及阀门的型号、规格、公称压力及安装位置应符合设计要求。

检验方法：对照图纸查验产品合格证。

（2）钢管管道焊口尺寸的允许偏差应符合表 1-3-7 的规定。

（3）供暖系统入口装置及分户热计量系统入户装置，应符合设计要求。安装位置应便于检修、维护和观察。

检验方法：现场观察。

（4）散热器支管长度超过 1.5m 时，应在支管上安装管卡。

检验方法：尺量和观察检查。

（5）上供下回式系统的热水干管变径应顶平偏心连接，蒸汽干管变径应底平偏心连接。

检验方法：观察检查。

（6）在管道干管上焊接垂直或水平分支管道时，干管开孔所产生的钢渣及管壁等废弃物不得残留管内，且分支管道在焊接时不得插入干管内。

检验方法：观察检查。

（7）膨胀水箱的膨胀管及循环管上不得安装阀门。

检验方法：观察检查。

（8）当供暖热媒为 110～130℃ 的高温水时，管道可拆卸件应使用法兰，不得使用长丝和活接头。法兰垫料应使用耐热橡胶板。

检验方法：观察和查验进料单。

（9）焊接钢管管径大于 32mm 的管道转弯，在作为自然补偿时应使用煨弯。塑料管及复合管除必须使用直角弯头的场合外应使用管道直接弯曲转弯。

检验方法：观察检查。

（10）管道、金属支架和设备的防腐和涂漆应附着良好，无脱皮、起泡、流淌和漏涂缺陷。

检验方法：现场观察检查。

（11）管道和设备保温的允许偏差应符合表 1-2-3 的规定。

（12）供暖管道安装的允许偏差应符合表 1-6-1 的规定。

供暖管道安装的允许偏差和检验方法　　　　表 1-6-1

项次	项 目			允许偏差	检验方法
1	横管道纵、横方向弯曲（mm）	每 1m	管径≤100mm	1	用水平尺、直尺、拉线和尺量检查
			管径>100mm	1.5	
		全长（25m 以上）	管径≤100mm	≤13	
			管径>100mm	≤25	
2	立管垂直度（mm）	每 1m		2	吊线和尺量检查
		全长（5m 以上）		≤10	
3	弯管	椭圆率 $\dfrac{D_{max}-D_{min}}{D_{max}}$	管径≤100mm	10%	用外卡钳和尺量检查
			管径>100mm	8%	
		折皱不平度（mm）	管径≤100mm	4	
			管径>100mm	5	

注：D_{max}，D_{min} 分别为管子最大外径及最小外径。

1.6.3 辅助设备及散热器安装

1.6.3.1 主控项目

(1) 散热器组对后，以及整组出厂的散热器在安装之前应作水压试验。试验压力如设计无要求时应为工作压力的1.5倍，但不小于0.6MPa。

检验方法：试验时间为2～3min，压力不降且不渗不漏。

(2) 水泵、水箱、热交换器等辅助设备安装的质量检验与验收应按1.2.4给水设备安装和1.11.6换热站安装的相关规定执行。

1.6.3.2 一般项目

(1) 散热器组对应平直紧密，组对后的平直度应符合表1-6-2规定。

组对后的散热器平直度允许偏差　　　表1-6-2

项次	散热器类型	片　数	允许偏差（mm）
1	长 翼 型	2～4	4
		5～7	6
2	铸 铁 片 式 钢 制 片 式	3～15	4
		16～25	6

检验方法：拉线和尺量。

(2) 组对散热器的垫片应符合下列规定：

1) 组对散热器垫片应使用成品，组对后垫片外露不应大于1mm。

2) 散热器垫片材质当设计无要求时，应采用耐热橡胶。

检验方法：观察和尺量检查。

(3) 散热器支架、托架安装，位置应准确，埋设牢固。散热器支架、托架数量，应符合设计或产品说明书要求。如设计未注时，则应符合表1-6-3的规定。

散热器支架、托架数量

表 1-6-3

项次	散热器型式	安装方式	每组片数	上部托钩或卡架数	下部托钩或卡架数	合计
1	长翼型	挂墙	2～4	1	2	3
			5	2	2	4
			6	2	3	5
			7	2	4	6
2	柱型柱翼型	挂墙	3～8	1	2	3
			9～12	1	3	4
			13～16	2	4	6
			17～20	2	5	7
			21～25	2	6	8
3	柱型柱翼型	带足落地	3～8	1	—	1
			8～12	1	—	1
			13～16	2	—	2
			17～20	2	—	2
			21～25	2	—	2

检验方法：现场清点检查。

（4）散热器背面与装饰后的墙内表面安装距离，应符合设计或产品说明书要求。如设计未注明，应为 30mm。

检验方法：尺量检查。

（5）散热器安装允许偏差应符合表 1-6-4 的规定。

散热器安装允许偏差和检验方法

表 1-6-4

项次	项　目	允许偏差（mm）	检验方法
1	散热器背面与墙内表面距离	3	尺　量
2	与窗中心线或设计定位尺寸	20	
3	散热器垂直度	3	吊线和尺量

（6）铸铁或钢制散热器表面的防腐及面漆应附着良好，色泽均匀，无脱落、起泡、流淌和漏涂缺陷。

检验方法：现场观察。

1.6.4 金属辐射板安装

1.6.4.1 主控项目

（1）辐射板在安装前应作水压试验，如设计无要求时试验压力应为工作压力1.5倍，但不得小于0.6MPa。

检验方法：试验压力下2～3min压力不降且不渗不漏。

（2）水平安装的辐射板应有不小于5‰的坡度坡向回水管。

检验方法：水平尺、拉线和尺量检查。

（3）辐射板管道及带状辐射板之间的连接，应使用法兰连接。

检验方法：观察检查。

1.6.5 低温热水地板辐射供暖系统安装

1.6.5.1 主控项目

（1）地面下敷设的盘管埋地部分不应有接头。

检验方法：隐蔽前现场查看。

（2）盘管隐蔽前必须进行水压试验，试验压力为工作压力的1.5倍，但不小于0.6MPa。

检验方法：稳压1h内压力降不大于0.05MPa且不渗不漏。

（3）加热盘管弯曲部分不得出现硬折弯现象，曲率半径应符合下列规定：

1）塑料管：不应小于管道外径的8倍。

2）复合管：不应小于管道外径的5倍。

检验方法：尺量检查。

1.6.5.2 一般项目

（1）分、集水器型号、规格、公称压力及安装位置、高度等应符合设计要求。

检验方法：对照图纸及产品说明书，尺量检查。

（2）加热盘管管径、间距和长度应符合设计要求。间距偏差不大于±10mm。

检验方法：拉线和尺量检查。

（3）防潮层、防水层、隔热层及伸缩缝应符合设计要求。

检验方法：填充层浇灌前观察检查。

（4）填充层强度标号应符合设计要求。

检验方法：作试块抗压试验。

1.6.6 系统水压试验及调试

1.6.6.1 主控项目

（1）供暖系统安装完毕，管道保温之前应进行水压试验。试验压力应符合设计要求。当设计未注明时，应符合下列规定：

1）蒸汽、热水供暖系统，应以系统顶点工作压力加0.1MPa作水压试验，同时在系统顶点的试验压力不小于0.3MPa。

2）高温热水供暖系统，试验压力应为系统顶点工作压力加 0.4MPa。

3）使用塑料管及复合管的热水供暖系统，应以系统顶点工作压力加0.2MPa作水压试验，同时在系统顶点的试验压力不小于0.4MPa。

检验方法：使用钢管及复合管的供暖系统应在试验压力下10min内压力降不大于0.02MPa，降至工作压力后检查，不渗、不漏；

使用塑料管的供暖系统应在试验压力下1h内压力降不大于0.05MPa，然后降压至工作压力的1.15倍，稳压2h，压力降不大于0.03MPa，同时各连接处不渗、不漏。

（2）系统试压合格后，应对系统进行冲洗并清扫过滤器及除污器。

检验方法：现场观察，直至排出水不含泥沙、铁屑等杂质，且水色不浑浊为合格。

（3）系统冲洗完毕应充水、加热，进行试运行和调试。

检验方法：观察、测量室温应满足设计要求。

1.7 室外给水管网安装

1.7.1 一般规定

（1）适用于民用建筑群（住宅小区）及厂区的室外给水管网

安装工程的质量检验与验收。

（2）输送生活给水的管道应采用塑料管、复合管、镀锌钢管或给水铸铁管。塑料管、复合管或给水铸铁管的管材、配件，应是同一厂家的配套产品。

（3）架空或在地沟内敷设的室外给水管道其安装要求按室内给水管道的安装要求执行。塑料管道不得露天架空铺设，必须露天架空铺设时应有保温和防晒等措施。

（4）消防水泵接合器及室外消火栓的安装位置、型式必须符合设计要求。

1.7.2　给水管道安装

1.7.2.1　主控项目

（1）给水管道在埋地敷设时，应在当地的冰冻线以下，如必须在冰冻线以上铺设时，应做可靠的保温防潮措施。在无冰冻地区，埋地敷设时，管顶的覆土厚度不得小于 500mm，穿越道路部位的埋深不得小于 700mm。

检验方法：现场观察检查。

（2）给水管道不得直接穿越污水井、化粪池、公共厕所等污染源。

检验方法：观察检查。

（3）管道接口法兰、卡扣、卡箍等应安装在检查井或地沟内，不应埋在土壤中。

检验方法：观察检查。

（4）给水系统各种井室内的管道安装，如设计无要求，井壁距法兰或承口的距离：管径不大于 450mm 时，不得小于 250mm；管径大于 450mm 时，不得小于 350mm。

检验方法：尺量检查。

（5）管网必须进行水压试验，试验压力为工作压力的 1.5 倍，但不得小于 0.6MPa。

检验方法：管材为钢管、铸铁管时，试验压力下 10min 内压力降不应大于 0.05MPa，然后降至工作压力进行检查，压力应保持不变，不渗不漏；管材为塑料管时，试验压力下，稳压1h压力降不大于0.05MPa，然后降至工作压力进行检查，压力应保持不变，不渗不漏。

（6）镀锌钢管、钢管的埋地防腐必须符合设计要求，如设计无规定时，可按表1-7-1的规定执行。卷材与管材间应粘贴牢固，无空鼓、滑移、接口不严等。

检验方法：观察和切开防腐层检查。

管道防腐层种类

表 1-7-1

防腐层层次	正常防腐层	加强防腐层	特加强防腐层
（从金属表面起） 1	冷底子油	冷底子油	冷底子油
2	沥青涂层	沥青涂层	沥青涂层
3	外包保护层	加强包扎层	加强保护层
		（封闭层）	（封闭层）
4		沥青涂层	沥青涂层
5		外保护层	加强包扎层
6			（封闭层）
			沥青涂层
7			外包保护层
防腐层厚度 不小于(mm)	3	6	9

（7）给水管道在竣工后，必须对管道进行冲洗，饮用水管道还要在冲洗后进行消毒，满足饮用水卫生要求。

检验方法：观察冲洗水的浊度，查看有关部门提供的检验报告。

1.7.2.2　一般项目

（1）管道的坐标、标高、坡度应符合设计要求，管道安装的允许偏差应符合表1-7-2的规定。

室外给水管道安装的
允许偏差和检验方法

表 1-7-2

项次	项	目		允许偏差（mm）	检验方法
1	坐标	铸铁管	埋地	100	拉线和尺量检查
			敷设在沟槽内	50	
		钢管、塑料管、复合管	埋地	100	
			敷设在沟槽内或架空	40	
2	标高	铸铁管	埋地	±50	拉线和尺量检查
			敷设在地沟内	±30	
		钢管、塑料管、复合管	埋地	±50	
			敷设在地沟内或架空	±30	
3	水平管纵横向弯曲	铸铁管	直段(25m以上)起点～终点	40	拉线和尺量检查
		钢管、塑料管、复合管	直段(25m以上)起点～终点	30	

（2）管道和金属支架的涂漆应附着良好，无脱皮、起泡、流淌和漏涂等缺陷。

检验方法：现场观察检查。

（3）管道连接应符合工艺要求，阀门、水表等安装位置应正确。塑料给水管道上的水表、阀门等设施其重量或启闭装置的扭矩不得作用于管道上，当管径不小于50mm时必须设独立的支承装置。

检验方法：现场观察检查。

（4）给水管道与污水管道在不同标高平行敷设，其垂直间距在500mm以内时，给水管管径不大于200mm的，管壁水平间距不得小于1.5m；管径大于200mm的，不得小于3m。

检验方法：观察和尺量检查。

（5）铸铁管承插捻口连接的对口间隙应不小于3mm，最大间隙不得大于表1-7-3的规定。

铸铁管承插捻口的对口最大间隙   表 1-7-3

管径（mm）	沿直线敷设（mm）	沿曲线敷设（mm）
75	4	5
100～250	5	7～13
300～500	6	14～22

检验方法：尺量检查。

（6）铸铁管沿直线敷设，承插捻口连接的环型间隙应符合表 1-7-4 的规定；沿曲线敷设，每个接口允许有2°转角。

铸铁管承插捻口的环型间隙   表 1-7-4

管径（mm）	标准环型间隙（mm）	允许偏差（mm）
75～200	10	+3 −2
250～450	11	+4 −2
500	12	+4 −2

检验方法：尺量检查。

（7）捻口用的油麻填料必须清洁，填塞后应捻实，其深度应占整个环型间隙深度的1/3。

检验方法：观察和尺量检查。

（8）捻口用水泥强度应不低于 32.5MPa，接口水泥应密实饱满，其接口水泥面凹入承口边缘的深度不得大于 2mm。

检验方法：观察和尺量检查。

（9）采用水泥捻口的给水铸铁管，在安装地点有侵蚀性的地下水时，应在接口处涂抹沥青防腐层。

检验方法：观察检查。

（10）采用橡胶圈接口的埋地给水管道，在土壤或地下水对橡胶圈有腐蚀的地段，在回填土前应用沥青胶泥、沥青麻丝或沥青锯末等材料封闭橡胶圈接口。橡胶圈接口的管道，每个接口的最大偏转角不得超过表 1-7-5 的规定。

橡胶圈接口最大允许偏转角　　　表 1-7-5

公称直径(mm)	100	125	150	200	250	300	350	400
允许偏转角度	5°	5°	5°	5°	4°	4°	4°	3°

检验方法：观察和尺量检查。

1.7.3　消防水泵接合器及室外消火栓安装

1.7.3.1　主控项目

（1）系统必须进行水压试验，试验压力为工作压力的 1.5 倍，但不得小于 0.6MPa。

检验方法：试验压力下，10min 内压力降不大于 0.05MPa，然后降至工作压力进行检查，压力保持不变，不渗不漏。

（2）消防管道在竣工前，必须对管道进行冲洗。

检验方法：观察冲洗出水的浊度。

（3）消防水泵接合器和消火栓的位置标志应明显，栓口的位置应方便操作。消防水泵接合器和室外消火栓当采用墙壁式时，如设计未要求，进、出水栓口的中心安装高度距地面应为 1.10m，其上方应设有防坠落物打击的措施。

检验方法：观察和尺量检查。

1.7.3.2　一般项目

（1）室外消火栓和消防水泵接合器的各项安装尺寸应符合设计要求，栓口安装高度允许偏差为±20mm。

检验方法：尺量检查。

（2）地下式消防水泵接合器顶部进水口或地下式消火栓的顶部出水口与消防井盖底面的距离不得大于 400mm，井内应有足够的操作空间，并设爬梯。寒冷地区井内应做防冻保护。

检验方法：观察和尺量检查。

（3）消防水泵接合器的安全阀及止回阀安装位置和方向应正确，阀门启闭应灵活。

检验方法：现场观察和手扳检查。

1.7.4 管沟及井室

1.7.4.1 主控项目

（1）管沟的基层处理和井室的地基必须符合设计要求。

检验方法：现场观察检查。

（2）各类井室的井盖应符合设计要求，应有明显的文字标识，各种井盖不得混用。

检验方法：现场观察检查。

（3）设在通车路面下或小区道路下的各种井室，必须使用重型井圈和井盖，井盖上表面应与路面相平，允许偏差为±5mm。绿化带上和不通车的地方可采用轻型井圈和井盖，井盖的上表面应高出地坪50mm，并在井口周围以2%的坡度向外做水泥砂浆护坡。

检验方法：观察和尺量检查。

（4）重型铸铁或混凝土井圈，不得直接放在井室的砖墙上，砖墙上应做不少于80mm厚的细石混凝土垫层。

检验方法：观察和尺量检查。

1.7.4.2 一般项目

（1）管沟的坐标、位置、沟底标高应符合设计要求。

检验方法：观察、尺量检查。

（2）管沟的沟底层应是原土层，或是夯实的回填土，沟底应平整，坡度应顺畅，不得有尖硬的物体、块石等。

检验方法：观察检查。

（3）如沟基为岩石、不易清除的块石或为砾石层时，沟底应下挖100～200mm，填铺细砂或粒径不大于5mm的细土，夯实到沟底标高后，方可进行管道敷设。

检验方法：观察和尺量检查。

（4）管沟回填土，管顶上部200mm以内应用砂子或无块石及冻土块的土，并不得用机械回填；管顶上部500mm以内不得回填直径大于100mm的块石和冻土块；500mm以上部分回填土中的块石或冻土块不得集中。上部用机械回填时，机械不得在管沟上行走。

检验方法：观察和尺量检查。

（5）井室的砌筑应按设计或给定的标准图施工。井室的底标高在地下水位以上时，基层应为素土夯实；在地下水位以下时，基层应打100mm厚的混凝土底板。砌筑应采用水泥砂浆，内表面抹灰后应严密不透水。

检验方法：观察和尺量检查。

（6）管道穿过井壁处，应用水泥砂浆分二次填塞严密、抹平，不得渗漏。

检验方法：观察检查。

1.8 室外排水管网安装

1.8.1 一般规定

（1）适用于民用建筑群（住宅小区）及厂区的室外排水管网安装工程的质量检验与验收。

（2）室外排水管道应采用混凝土管、钢筋混凝土管、排水铸铁管或塑料管。其规格及质量必须符合现行国家标准及设计要求。

（3）排水管沟及井池的土方工程、沟底的处理、管道穿井壁处的处理、管沟及井池周围的回填要求等，均参照给水管沟及井室的规定执行。

（4）各种排水井、池应按设计给定的标准图施工，各种排水井和化粪池均应用混凝土做底板（雨水井除外），厚度不小于100mm。

1.8.2 排水管道安装

1.8.2.1 主控项目

（1）排水管道的坡度必须符合设计要求，严禁无坡或倒坡。

检验方法：用水准仪、拉线和尺量检查。

（2）管道埋设前必须做灌水试验和通水试验，排水应畅通，无堵塞，管接口无渗漏。

检验方法：按排水检查井分段试验，试验水头应以试验段上游管顶加 1m，时间不少于 30min，逐段观察。

1.8.2.2　一般项目

（1）管道的坐标和标高应符合设计要求，安装的允许偏差应符合表 1-8-1 的规定。

室外排水管道安装的允许偏差和检验方法　　　表 1-8-1

项次	项　　目		允许偏差 （mm）	检验方法
1	坐标	埋地	100	拉线 尺量
		敷设在沟槽内	50	
2	标高	埋地	±20	用水平仪、 拉线和尺量
		敷设在沟槽内	±20	
3	水平管道 纵横向弯曲	每 5m 长	10	拉线 尺量
		全长（两井间）	30	

（2）排水铸铁管采用水泥捻口时，油麻填塞应密实，接口水泥应密实饱满，其接口面凹入承口边缘且深度不得大于 2mm。

检验方法：观察和尺量检查。

（3）排水铸铁管外壁在安装前应除锈，涂二遍石油沥青漆。

检验方法：观察检查。

（4）承插接口的排水管道安装时，管道和管件的承口应与水流方向相反。

检验方法：观察检查。

（5）混凝土管或钢筋混凝土管采用抹带接口时，应符合下列规定：

1）抹带前应将管口的外壁凿毛，扫净，当管径不大于 500mm 时，抹带可一次完成；当管径大于 500mm 时，应分二次抹成，抹带不得有裂纹。

2）钢丝网应在管道就位前放入下方，抹压砂浆时应将钢丝网抹压牢固，钢丝网不得外露。

3）抹带厚度不得小于管壁的厚度，宽度宜为 80～100mm。

检验方法：观察和尺量检查。

1.8.3 排水管沟及井池

1.8.3.1 主控项目

（1）沟基的处理和井池的底板强度必须符合设计要求。

检验方法：现场观察和尺量检查，检查混凝土强度报告。

（2）排水检查井、化粪池的底板及进、出水管的标高，必须符合设计，其允许偏差为±15mm。

检验方法：用水准仪及尺量检查。

1.8.3.2 一般项目

（1）井、池的规格、尺寸和位置应正确，砌筑和抹灰符合要求。

检验方法：观察及尺量检查。

（2）井盖选用应正确，标志应明显，标高应符合设计要求。

检验方法：观察、尺量检查。

1.9 室外供热管网安装

1.9.1 一般规定

（1）适用于厂区及民用建筑群（住宅小区）的饱和蒸汽压力不大于 0.7MPa、热水温度不超过 130℃的室外供热管网安装工程的质量检验与验收。

（2）供热管网的管材应按设计要求。当设计未注明时，应符合下列规定：

1）管径不大于 40mm 时，应使用焊接钢管。

2）管径为 50～200mm 时，应使用焊接钢管或无缝钢管。

3）管径大于 200mm 时，应使用螺旋焊接钢管。

（3）室外供热管道连接均应采用焊接连接。

1.9.2 管道及配件安装

1.9.2.1 主控项目

（1）平衡阀及调节阀型号、规格及公称压力应符合设计要求。安装后应根据系统要求进行调试，并作出标志。

检验方法：对照设计图纸及产品合格证，并现场观察调试结果。

（2）直埋无补偿供热管道预热伸长及三通加固应符合设计要求。回填前应注意检查预制保温层外壳及接口的完好性。回填应按设计要求进行。

检验方法：回填前现场验核和观察。

（3）补偿器的位置必须符合设计要求，并应按设计要求或产品说明书进行预拉伸。管道固定支架的位置和构造必须符合设计要求。

检验方法：对照图纸，并查验预拉伸记录。

（4）检查井室、用户入口处管道布置应便于操作及维修，支、吊、托架稳固，并满足设计要求。

检验方法：对照图纸，观察检查。

（5）直埋管道的保温应符合设计要求，接口在现场发泡时，接头处厚度应与管道保温层厚度一致，接头处保护层必须与管道保护层成一体，符合防潮防水要求。

检验方法：对照图纸，观察检查。

1.9.2.2　一般项目

（1）管道水平敷设其坡度应符合设计要求。

检验方法：对照图纸，用水准仪（水平尺）、拉线和尺量检查。

（2）除污器构造应符合设计要求，安装位置和方向应正确。管网冲洗后应清除内部污物。

检验方法：打开清扫口检查。

（3）室外供热管道安装的允许偏差应符合表 1-9-1 的规定。

（4）管道焊口的允许偏差应符合表 1-3-7 的规定。

（5）管道及管件焊接的焊缝表面质量应符合下列规定：

1）焊缝外形尺寸应符合图纸和工艺文件的规定，焊缝高度不得低于母材表面，焊缝与母材应圆滑过渡；

2）焊缝及热影响区表面应无裂纹、未熔合、未焊透、夹渣、弧坑和气孔等缺陷。

检验方法：观察检查。

室外供热管道安装的允许偏差和检验方法　　表 1-9-1

项次	项　目		允许偏差	检验方法
1	坐标（mm）	敷设在沟槽内及架空	20	用水准仪（水平尺）、直尺、拉线
		埋　　地	50	
2	标　高（mm）	敷设在沟槽内及架空	±10	尺量检查
		埋　　地	±15	
3	水平管道纵、横方向弯曲（mm）	每 1m　管径≤100mm	1	用水准仪（水平尺）、直尺、拉线和尺量检查
		管径>100mm	1.5	
		全长（25m 以上）　管径≤100mm	≤13	
		管径>100mm	≤25	
4	弯管	椭圆率 $\dfrac{D_{max}-D_{min}}{D_{max}}$　管径≤100mm	8%	用外卡钳和尺量检查
		管径>100mm	5%	
		折皱不平度（mm）　管径≤100mm	4	
		管径 125～200mm	5	
		管径 250～400mm	7	

（6）供热管道的供水管或蒸汽管，如设计无规定时，应敷设在载热介质前进方向的右侧或上方。

检验方法：对照图纸，观察检查。

（7）地沟内的管道安装位置，其净距（保温层外表面）应符合下列规定：

与沟壁　　　　　　　　100～150mm；

与沟底　　　　　　　　100～200mm；

与沟顶（不通行地沟）　50～100mm；

　　　　（半通行和通行地沟）200～300mm。

检验方法：尺量检查。

（8）架空敷设的供热管道安装高度，如设计无规定时，应符合下列规定（以保温层外表面计算）：

1）人行地区，不小于 2.5m。

2）通行车辆地区，不小于 4.5m。

3）跨越铁路，距轨顶不小于 6m。

检验方法：尺量检查。

（9）防锈漆的厚度应均匀，不得有脱皮、起泡、流淌和漏涂等缺陷。

检验方法：保温前观察检查。

（10）管道保温层的厚度和平整度的允许偏差应符合表 1-2-3 的规定。

1.9.3 系统水压试验及调试

1.9.3.1 主控项目

（1）供热管道的水压试验压力应为工作压力的 1.5 倍，但不得小于 0.6MPa。

检验方法：在试验压力下 10min 内压力降不大于 0.05MPa，然后降至工作压力下检查，不渗不漏。

（2）管道试压合格后，应进行冲洗。

检验方法：现场观察，以水色不浑浊为合格。

（3）管道冲洗完毕应通水、加热，进行试运行和调试。当不具备加热条件时，应延期进行。

检验方法：测量各建筑物热力入口处供回水温度及压力。

（4）供热管道作水压试验时，试验管道上的阀门应开启，试验管道与非试验管道应隔断。

检验方法：开启和关闭阀门检查。

1.10 建筑中水系统及游泳池水系统安装

1.10.1 一般规定

（1）中水系统中的原水管道管材及配件要求按 1.3 室内排水

系统安装执行。

（2）中水系统给水管道及排水管道检验标准按 1.2 室内给水系统安装和 1.3 室内排水系统安装规定执行。

（3）游泳池排水系统安装、检验标准等按 1.3 室内排水系统安装相关规定执行。

（4）游泳池水加热系统安装、检验标准等均按 1.4 室内热水供应系统安装相关规定执行。

1.10.2 建筑中水系统管道及辅助设备安装

1.10.2.1 主控项目

（1）中水高位水箱应与生活高位水箱分设在不同的房间内，如条件不允许只能设在同一房间时，与生活高位水箱的净距离应大于 2m。

检验方法：观察和尺量检查。

（2）中水给水管道不得装设取水水嘴。便器冲洗宜采用密闭型设备和器具。绿化、浇洒、汽车冲洗宜采用壁式或地下式的给水栓。

检验方法：观察检查。

（3）中水供水管道严禁与生活饮用水给水管道连接，并应采取下列措施：

1）中水管道外壁应涂浅绿色标志；

2）中水池（箱）、阀门、水表及给水栓均应有"中水"标志。

检验方法：观察检查。

（4）中水管道不宜暗装于墙体和楼板内。如必须暗装于墙槽内时，必须在管道上有明显且不会脱落的标志。

检验方法：观察检查。

1.10.2.2 一般项目

（1）中水给水管道管材及配件应采用耐腐蚀的给水管管材及附件。

检验方法：观察检查。

（2）中水管道与生活饮用水管道、排水管道平行埋设时，其水平净距离不得小于0.5m；交叉埋设时，中水管道应位于生活饮用水管道下面，排水管道的上面，其净距离不应小于0.15m。

检验方法：观察和尺量检查。

1.10.3 游泳池水系统安装

1.10.3.1 主控项目

（1）游泳池的给水口、回水口、泄水口应采用耐腐蚀的铜、不锈钢、塑料等材料制造。溢流槽、格栅应为耐腐蚀材料制造，并为组装型。安装时其外表面应与池壁或池底面相平。

检验方法：观察检查。

（2）游泳池的毛发聚集器应采用铜或不锈钢等耐腐蚀材料制造，过滤筒（网）的孔径应不大于3mm，其面积应为连接管截面积的1.5～2倍。

检验方法：观察和尺量计算方法。

（3）游泳池地面，应采取有效措施防止冲洗排水流入池内。

检验方法：观察检查。

1.10.3.2 一般项目

（1）游泳池循环水系统加药（混凝剂）的药品溶解池、溶液池及定量投加设备应采用耐腐蚀材料制作。输送溶液的管道应采用塑料管、胶管或铜管。

检验方法：观察检查。

（2）游泳池的浸脚、浸腰消毒池的给水管、投药管、溢流管、循环管和泄空管应采用耐腐蚀材料制成。

检验方法：观察检查。

1.11 供热锅炉及辅助设备安装

1.11.1 一般规定

（1）适用于建筑供热和生活热水供应的额定工作压力不大于1.25MPa、热水温度不超过130℃的整装蒸汽和热水锅炉及辅助设备安装工程的质量检验与验收。

（2）适用于整装锅炉及辅助设备安装工程的质量检验与验收，除应按本章规定执行外，尚应符合现行国家有关规范、规程和标准的规定。

（3）管道、设备和容器的保温，应在防腐和水压试验合格后进行。

（4）保温的设备和容器，应采用粘接保温钉固定保温层，其间距一般为200mm。当需采用焊接勾钉固定保温层时，其间距一般为250mm。

1.11.2 锅炉安装

1.11.2.1 主控项目

（1）锅炉设备基础的混凝土强度必须达到设计要求，基础的坐标、标高、几何尺寸和螺栓孔位置应符合表1-11-1的规定。

锅炉及辅助设备基础的允许偏差和检验方法　　表1-11-1

项次	项　　目		允许偏差 （mm）	检验方法
1	基础坐标位置		20	经纬仪、拉线和尺量
2	基础各不同平面的标高		0，−20	水准仪、拉线尺量
3	基础平面外形尺寸		20	尺量检查
4	凸台上平面尺寸		0，−20	
5	凹穴尺寸		+20，0	
6	基础上平面水平度	每　米	5	水平仪（水平尺）和楔形塞尺检查
		全　长	10	
7	竖向偏差	每　米	5	经纬仪或吊线和尺量
		全　高	10	
8	预埋地脚螺栓	标高（顶端）	+20，0	水准仪、拉线和尺量
		中心距（根部）	2	
9	预留地脚螺栓孔	中心位置	10	尺量
		深　度	−20，0	
		孔壁垂直度	10	吊线和尺量

项次	项 目		允许偏差（mm）	检验方法
10	预埋活动地脚螺栓锚板	中心位置	5	拉线和尺量
		标高	+20，0	
		水平度（带槽锚板）	5	水平尺和楔形塞尺检查
		水平度（带螺纹孔锚板）	2	

（2）非承压锅炉，应严格按设计或产品说明书的要求施工。锅筒顶部必须敞口或装设大气连通管，连通管上不得安装阀门。

检验方法：对照设计图纸或产品说明书检查。

（3）以天然气为燃料的锅炉的天然气释放管或大气排放管不得直接通向大气，应通向贮存或处理装置。

检验方法：对照设计图纸检查。

（4）两台或两台以上燃油锅炉共用一个烟囱时，每一台锅炉的烟道上均应配备风阀或挡板装置，并应具有操作调节和闭锁功能。

检验方法：观察和手扳检查。

（5）锅炉的锅筒和水冷壁的下集箱及后棚管的后集箱的最低处排污阀及排污管道不得采用螺纹连接。

检验方法：观察检查。

（6）锅炉的汽、水系统安装完毕后，必须进行水压试验。水压试验的压力应符合表 1-11-2 的规定。

水压试验压力规定 表 1-11-2

项次	设备名称	工作压力 P（MPa）	试验压力（MPa）
1	锅炉本体	$P<0.59$	$1.5P$ 但不小于 0.2
		$0.59{\leqslant}P{\leqslant}1.18$	$P+0.3$
		$P>1.18$	$1.25P$

项次	设备名称	工作压力 P（MPa）	试验压力（MPa）
2	可分式省煤器	P	$1.25P+0.5$
3	非承压锅炉	大气压力	0.2

注：1. 工作压力 P 对蒸汽锅炉指锅筒工作压力，对热水锅炉指锅炉额定出水压力；

    2. 铸铁锅炉水压试验同热水锅炉；

    3. 非承压锅炉水压试验压力为 0.2MPa，试验期间压力应保持不变。

检验方法：

1）在试验压力下 10min 内压力降不超过 0.02MPa；然后降至工作压力进行检查，压力不降，不渗、不漏；

2）观察检查，不得有残余变形，受压元件金属壁和焊缝上不得有水珠和水雾。

（7）机械炉排安装完毕后应做冷态运转试验，连续运转时间不应少于 8h。

检验方法：观察运转试验全过程。

（8）锅炉本体管道及管件焊接的焊缝质量应符合下列规定：

1）焊缝表面质量应符合 1.9.2.2 一般项目中第（5）条的规定。

2）管道焊口尺寸的允许偏差应符合表 1-3-7 的规定。

3）无损探伤的检测结果应符合锅炉本体设计的相关要求。

检验方法：观察和检验无损探伤检测报告。

1.11.2.2 一般项目

（1）锅炉安装的坐标、标高、中心线和垂直度的允许偏差应符合表 1-11-3 的规定。

锅炉安装的允许偏差和检验方法   表 1-11-3

项次	项　　目	允许偏差（mm）	检验方法
1	坐　　标	10	经纬仪、拉线和尺量

项次	项 目		允许偏差（mm）	检验方法
2	标 高		±5	水准仪、拉线和尺量
3	中心线垂直度	卧式锅炉炉体全高	3	吊线和尺量
		立式锅炉炉体全高	4	吊线和尺量

（2）组装链条炉排安装的允许偏差应符合表 1-11-4 的规定。

组装链条炉排安装的允许偏差和检验方法　　　表 1-11-4

项次	项 目		允许偏差 （mm）	检 验 方 法
1	炉排中心位置		2	经纬仪、拉线和尺量
2	墙板的标高		±5	水准仪、拉线和尺量
3	墙板的垂直度，全高		3	吊线和尺量
4	墙板间两对角线的长度之差		5	钢丝线和尺量
5	墙板框的纵向位置		5	经纬仪、拉线和尺量
6	墙板顶面的纵向水平度		长度 1/1000， 且≯5	拉线、水平尺和尺量
7	墙板间的距离	跨距≤2m	+3 0	钢丝线和尺量
		跨距＞2m	+5 0	
8	两墙板的顶面在同一水平面上相对高差		5	水准仪、吊线和尺量
9	前轴、后轴的水平度		长度 1/1000	拉线、水平尺和尺量
10	前轴和后轴和轴心线相对标高差		5	水准仪、吊线和尺量
11	各轨道在同一水平面上的相对高差		5	水准仪、吊线和尺量
12	相邻两轨道间的距离		±2	钢丝线和尺量

（3）往复炉排安装的允许偏差应符合表 1-11-5 的规定。

往复炉排安装的允许偏差和检验方法　　　表 1-11-5

项次	项　　目		允许偏差（mm）	检　验　方　法
1	两侧板的相对标高		3	水准仪、吊线和尺量
2	两侧板间距离	跨距≤2m	+3 0	钢丝线和尺量
		跨距>2m	+4 0	
3	两侧板的垂直度，全高		3	吊线和尺量
4	两侧板相对角线的长度之差		5	钢丝线和尺量
5	炉排片的纵向间隙		1	钢板尺量
6	炉排两侧的间隙		2	

（4）铸铁省煤器破损的肋片数不应大于总肋片数的 5%，有破损肋片的根数不应大于总根数的 10%。

铸铁省煤器支承架安装的允许偏差应符合表 1-11-6 的规定。

铸铁省煤器支承架安装的允许偏差和检验方法　　　表 1-11-6

项次	项　　目	允许偏差（mm）	检　验　方　法
1	支承架的位置	3	经纬仪、拉线和尺量
2	支承架的标高	0 −5	水准仪、吊线和尺量
3	支承架的纵、横向水平度（每米）	1	水平尺和塞尺检查

（5）锅炉本体安装应按设计或产品说明书要求布置坡度并坡向排污阀。

检验方法：用水平尺或水准仪检查。

（6）锅炉由炉底送风的风室及锅炉底座与基础之间必须封、堵严密。

检验方法：观察检查。

（7）省煤器的出口处（或入口处）应按设计或锅炉图纸要求安装阀门和管道。

检验方法：对照设计图纸检查。

（8）电动调节阀门的调节机构与电动执行机构的转臂应在同一平面内动作，传动部分应灵活、无空行程及卡阻现象，其行程及伺服时间应满足使用要求。

检验方法：操作时观察检查。

1.11.3 辅助设备及管道安装

1.11.3.1 主控项目

（1）辅助设备基础的混凝土强度必须达到设计要求，基础的坐标、标高、几何尺寸和螺栓孔位置必须符合表 1-11-1 的规定。

（2）风机试运转，轴承温升应符合下列规定：

1）滑动轴承温度最高不得超过 60℃。

2）滚动轴承温度最高不得超过 80℃。

检验方法：用温度计检查。

轴承径向单振幅应符合下列规定：

1）风机转速小于 1000r/min 时，不应超过 0.10mm；

2）风机转速为 1000～1450r/min 时，不应超过 0.08mm。

检验方法：用测振仪表检查。

（3）分汽缸（分水器、集水器）安装前应进行水压试验，试验压力为工作压力的 1.5 倍，但不得小于 0.6MPa。

检验方法：试验压力下 10min 内无压降、无渗漏。

（4）敞口箱、罐安装前应做满水试验；密闭箱、罐应以工作压力的 1.5 倍作水压试验，但不得小于 0.4MPa。

检验方法：满水试验满水后静置 24h 不渗不漏；水压试验在试验压力下 10min 内无压降，不渗不漏。

（5）地下直埋油罐在埋地前应做气密性试验，试验压力不应小于 0.03MPa。

检验方法：试验压力下观察 30min 不渗、不漏，无压降。

（6）连接锅炉及辅助设备的工艺管道安装完毕后，必须进行系统的水压试验，试验压力为系统中最大工作压力的 1.5 倍。

检验方法：在试验压力 10min 内压力降不超过 0.05MPa，然后降至工作压力进行检查，不渗不漏。

（7）各种设备的主要操作通道的净距如设计不明确时不应小于 1.5m，辅助的操作通道净距不应小于 0.8m。

检验方法：尺量检查。

（8）管道连接的法兰、焊缝和连接管件以及管道上的仪表、阀门的安装位置应便于检修，并不得紧贴墙壁、楼板或管架。

检验方法：观察检查。

（9）管道焊接质量应符合 1.9.2.2 一般项目中第（5）条的要求和表 1-3-7 的规定。

1.11.3.2 一般项目

（1）锅炉辅助设备安装的允许偏差应符合表 1-11-7 的规定。

锅炉辅助设备安装的允许偏差和检验方法　　　　表 1-11-7

项次	项　　目		允许偏差（mm）	检验方法
1	送、引风机	坐　标	10	经纬仪、拉线和尺量
		标　高	±5	水准仪、拉线和尺量
2	各种静置设备（各种容器、箱、罐等）	坐　标	15	经纬仪、拉线和尺量
		标　高	±5	水准仪、拉线和尺量
		垂直度（1m）	2	吊线和尺量
3	离心式水泵	泵体水平度（1m）	0.1	水平尺和塞尺检查
		联轴器同心度　轴向倾斜（1m）	0.8	水准仪、百分表（测微螺钉）和塞尺检查
		径向位移	0.1	

（2）连接锅炉及辅助设备的工艺管道安装的允许偏差应符合表 1-11-8 的规定。

工艺管道安装的允许偏差和检验方法　　　　表 1-11-8

项次	项　　目		允许偏差（mm）	检验方法
1	坐标	架空	15	水准仪、拉线和尺量
		地沟	10	

项次	项 目		允许偏差（mm）	检验方法
2	标高	架空	±15	水准仪、拉线和尺量
		地沟	±10	
3	水平管道纵、横方向弯曲	$DN \leqslant 100mm$	2‰，最大50	直尺和拉线检查
		$DN > 100mm$	3‰，最大70	
4	立管垂直		2‰，最大15	吊线和尺量
5	成排管道间距		3	直尺尺量
6	交叉管的外壁或绝热层间距		10	

（3）单斗式提升机安装应符合下列规定：

1）导轨的间距偏差不大于2mm。

2）垂直式导轨的垂直度偏差不大于1‰；倾斜式导轨的倾斜度偏差不大于2‰。

3）料斗的吊点与料斗垂心在同一垂线上，重合度偏差不大于10mm。

4）行程开关位置应准确，料斗运行平稳，翻转灵活。

检验方法：吊线坠、拉线及尺量检查。

（4）安装锅炉送、引风机，转动应灵活无卡碰等现象；送、引风机的传动部位，应设置安全防护装置。

检验方法：观察和启动检查。

（5）水泵安装的外观质量检查：泵壳不应有裂纹、砂眼及凹凸不平等缺陷；多级泵的平衡管路应无损伤或折陷现象；蒸汽往复泵的主要部件、活塞及活动轴必须灵活。

检验方法：观察和启动检查。

（6）手摇泵应垂直安装。安装高度如设计无要求时，泵中心距地面为800mm。

检验方法：吊线和尺量检查。

（7）水泵试运转，叶轮与泵壳不应相碰，进、出口部位的阀门应灵活。轴承温升应符合产品说明书的要求。

检验方法：通电、操作和测温检查。

（8）注水器安装高度，如设计无要求时，中心距地面为 1.0～1.2m。

检验方法：尺量检查。

（9）除尘器安装应平稳牢固，位置和进、出口方向应正确。烟管与引风机连接时应采用软接头，不得将烟管重量压在风机上。

检验方法：观察检查。

（10）热力除氧器和真空除氧器的排气管应通向室外，直接排入大气。

检验方法：观察检查。

（11）软化水设备罐体的视镜应布置在便于观察的方向。树脂装填的高度应按设备说明书要求进行。

检验方法：对照说明书，观察检查。

（12）管道及设备保温层的厚度和平整度的允许偏差应符合表 1-2-3 的规定。

（13）在涂刷油漆前，必须清除管道及设备表面的灰尘、污垢、锈斑、焊渣等物。涂漆的厚度应均匀，不得有脱皮、起泡、流淌和漏涂等缺陷。

检验方法：现场观察检查。

1.11.4 安全附件安装

1.11.4.1 主控项目

（1）锅炉和省煤器安全阀的定压和调整应符合表 1-11-9 的规定。锅炉上装有两个安全阀时，其中的一个按表中较高值定压，另一个按较低值定压。装有一个安全阀时，应按较低值定压。

安全阀定压规定　　　　　　　　　表 1-11-9

项次	工作设备	安全阀开启压力（MPa）
1	蒸汽锅炉	工作压力＋0.02MPa
		工作压力＋0.04MPa

（续表）

项次	工作设备	安全阀开启压力（MPa）
2	热水锅炉	1.12 倍工作压力，但不少于工作压力＋0.07MPa
		1.14 倍工作压力，但不少于工作压力＋0.10MPa
3	省煤器	1.1 倍工作压力

检验方法：检查定压合格证书。

（2）压力表的刻度极限值，应大于或等于工作压力的 1.5 倍，表盘直径不得小于 100mm。

检验方法：现场观察和尺量检查。

（3）安装水位表应符合下列规定：

1）水位表应有指示最高、最低安全水位的明显标志，玻璃板（管）的最低可见边缘应比最低安全水位低 25mm；最高可见边缘应比最高安全水位高 25mm。

2）玻璃管式水位表应有防护装置。

3）电接点式水位表的零点应与锅筒正常水位重合。

4）采用双色水位表时，每台锅炉只能装设一个，另一个装设普通水位表。

5）水位表应有放水旋塞（或阀门）和接到安全地点的放水管。

检验方法：现场观察和尺量检查。

（4）锅炉的高、低水位报警器和超温、超压报警器及联锁保护装置必须按设计要求安装齐全和有效。

检验方法：启动、联动试验并作好试验记录。

（5）蒸汽锅炉安全阀应安装通向室外的排汽管。热水锅炉安全阀泄水管应接到安全地点。在排汽管和泄水管上不得装设阀门。

检验方法：观察检查。

1.11.4.2 一般项目

（1）安装压力表必须符合下列规定：

1) 压力表必须安装在便于观察和吹洗的位置，并防止受高温、冰冻和振动的影响，同时要有足够的照明。

2) 压力表必须设有存水弯管。存水弯管采用钢管煨制时，内径不应小于 10mm；采用铜管煨制时，内径不应小于 6mm。

3) 压力表与存水弯管之间应安装三通旋塞。

检验方法：观察和尺量检查。

(2) 测压仪表取源部件在水平工艺管道上安装时，取压口的方位应符合下列规定：

1) 测量液体压力的，在工艺管道的下半部与管道的水平中心线成 0°～45°夹角范围内。

2) 测量蒸汽压力的，在工艺管道的上半部或下半部与管道水平中心线成 0°～45°夹角范围内。

3) 测量气体压力的，在工艺管道的上半部。

检验方法：观察和尺量检查。

(3) 安装温度计应符合下列规定：

1) 安装在管道和设备上的套管温度计，底部应插入流动介质内，不得装在引出的管段上或死角处；

2) 压力式温度计的毛细管应固定好并有保护措施，其转弯处的弯曲半径不应小于 50mm，温包必须全部浸入介质内；

3) 热电偶温度计的保护套管应保证规定的插入深度。

检验方法：观察和尺量检查。

(4) 温度计与压力表在同一管道上安装时，按介质流动方向温度计应在压力表下游处安装，如温度计需在压力表的上游安装时，其间距不应小于 300mm。

检验方法：观察和尺量检查。

1.11.5 烘炉、煮炉和试运行

1.11.5.1 主控项目

(1) 锅炉火焰烘炉应符合下列规定：

1) 火焰应在炉膛中央燃烧，不应直接烧烤炉墙及炉拱。

2）烘炉时间一般不少于 4d，升温应缓慢，后期烟温不应高于 160℃，且持续时间不应少于 24h。

3）链条炉排在烘炉过程中应定期转动。

4）烘炉的中、后期应根据锅炉水水质情况排污。

检验方法：计时测温、操作观察检查。

（2）烘炉结束后应符合下列规定：

1）炉墙经烘烤后没有变形、裂纹及塌落现象。

2）炉墙砌筑砂浆含水率达到 7％以下。

检验方法：测试及观察检查。

（3）锅炉在烘炉、煮炉合格后，应进行 48h 的带负荷连续试运行，同时应进行安全阀的热状态定压检验和调整。

检验方法：检查烘炉、煮炉及试运行全过程。

1.11.5.2　一般项目

煮炉时间一般应为 2～3d，如蒸汽压力较低，可适当延长煮炉时间。非砌筑或浇注保温材料保温的锅炉，安装后可直接进行煮炉。煮炉结束后，锅筒和集箱内壁应无油垢，擦去附着物后金属表面应无锈斑。

检验方法：打开锅筒和集箱检查孔检查。

1.11.6　换热站安装

1.11.6.1　主控项目

（1）热交换器应以最大工作压力的 1.5 倍作水压试验，蒸汽部分应不低于蒸汽供汽压力加 0.3MPa；热水部分应不低于 0.4MPa。

检验方法：在试验压力下，保持 10min 压力不降。

（2）高温水系统中，循环水泵和换热器的相对安装位置应按设计文件施工。

检验方法：对照设计图纸检查。

（3）壳管式热交换器的安装，如设计无要求时，其封头与墙壁或屋顶的距离不得小于换热管的长度。

检验方法：观察和尺量检查。

1.11.6.2　一般项目

（1）换热站内设备安装的允许偏差应符合表 1-11-7 的规定。

（2）换热站内的循环泵、调节阀、减压器、疏水器、除污器、流量计等安装应符合本规范的相关规定。

（3）换热站内管道安装的允许偏差应符合表 1-11-8 的规定。

（4）管道及设备保温层的厚度和平整度的允许偏差应符合表 1-2-3 的规定。

1.12　分部（子分部）工程质量验收

（1）检验批、分项工程、分部（或子分部）工程质量的验收，均应在施工单位自检合格的基础上进行。并应按检验批、分项、分部（或子分部）、单位（或子单位）工程的程序进行验收，同时做好记录。

1）检验批、分项工程的质量验收应全部合格。

检验批质量验收见附录 B。

分项工程质量验收见附录 C。

2）分部（子分部）工程的验收，必须在分项工程验收通过的基础上，对涉及安全、卫生和使用功能的重要部位进行抽样检验和检测。

子分部工程质量验收见附录 D。

建筑给水、排水及供暖（分部）工程质量验收见附录 E。

（2）建筑给水排水及供暖工程的检验和检测应包括下列主要内容：

1）承压管道系统和设备及阀门水压试验。

2）排水管道灌水、通球及通水试验。

3）雨水管道灌水及通水试验。

4）给水管道通水试验及冲洗、消毒检测。

5）卫生器具通水试验，具有溢流功能的器具满水试验。

6）地漏及地面清扫口排水试验。

7）消火栓系统测试。

8) 采暖系统冲洗及测试。

9) 安全阀及报警联动系统动作测试。

10) 锅炉 48h 负荷试运行。

（3）工程质量验收文件和记录中应包括下列主要内容：

1) 开工报告。

2) 图纸会审记录、设计变更及洽商记录。

3) 施工组织设计或施工方案。

4) 主要材料、成品、半成品、配件、器具和设备出厂合格证及进场验收单。

5) 隐蔽工程验收及中间试验记录。

6) 设备试运转记录。

7) 安全、卫生和使用功能检验和检测记录。

8) 检验批、分项、子分部、分部工程质量验收记录。

9) 竣工图。

附录 A 建筑给水排水及供暖工程分部、分项工程划分

建筑给水排水及供暖工程的分部、子分部和分项工程可按附表 A-1 划分。

建筑给水排水及供暖工程分部、分项工程划分表　附表 A-1

分部工程	序号	子分部工程	分　项　工　程
建筑给水排水及供暖工程	1	室内给水系统	给水管道及配件安装、室内消火栓系统安装、给水设备安装、管道防腐、绝热
	2	室内排水系统	排水管道及配件安装、雨水管道及配件安装
	3	室内热水供应系统	管道及配件安装、辅助设备安装、防腐、绝热
	4	卫生器具安装	卫生器具安装、卫生器具给水配件安装、卫生器具排水管道安装

分部工程	序号	子分部工程	分 项 工 程
建筑给水排水及供暖工程	5	室内供暖系统	管道及配件安装、辅助设备及散热器安装、金属辐射板安装、低温热水地板辐射供暖系统安装、系统水压试验及调试、防腐、绝热
	6	室外给水管网	给水管道安装、消防水泵接合器及室外消火栓安装、管沟及井室
	7	室外排水管网	排水管道安装、排水管沟与井池
	8	室外供热管网	管道及配件安装、系统水压试验及调试、防腐、绝热
	9	建筑中水系统及游泳池系统	建筑中水系统管道及辅助设备安装、游泳池水系统安装
	10	供热锅炉及辅助设备安装	锅炉安装、辅助设备及管道安装、安全附件安装、烘炉、煮炉和试运行、换热站安装、防腐、绝热

附录 B　检验批质量验收

检验批质量验收表由施工单位项目专业质量检查员填写，监理工程师（建设单位项目专业技术负责人）组织施工单位项目质量（技术）负责人等进行验收，并按附表 B-1 填写验收结论。

检验批质量验收表　　　　　　　　**附表 B-1**

工程名称			专业工长/证号	
分部工程名称			施工班、组长	
分项工程施工单位			验收部位	
施工依据	标准名称		材料/数量	/
	编　号		设备/台数	/
	存放处		连接形式	

	《规范》章、节、条、款号	质量规定	施工单位检查评定结果	监理（建设）单位验收
主控项目				
一般项目				

施工单位检查评定结果	
	项目专业质量检查员： 项目专业质量（技术）负责人：　　　年　月　日

监理（建设）单位验收结论	
	监理工程师： （建设单位项目专业技术负责人） 　　　年　月　日

60

附录 C 分项工程质量验收

分项工程质量验收由监理工程师（建设单位项目专业技术负责人）组织施工单位项目专业质量（技术）负责人等进行验收，并按附表 C-1 填写。

_____分项工程质量验收表　　　　附表 C-1

工程名称		项目技术负责人/证号	/
子分部工程名称		项目质检员/证号	/
分项工程名称		专业工长/证号	/
分项工程施工单位		检验批数量	

序号	检验批部位	施工单位检查评定结果	监理（建设）单位验收结论
1			
2			
3			
4			
5			
6			
7			
8			
9			
10			

检查结论	项目专业质量（技术）负责人： 年　月　日	验收结论	监理工程师： （建设单位项目专业技术负责人） 年　月　日

附录 D 子分部工程质量验收

子分部工程质量验收由监理工程师（建设单位项目专业负责人）组织施工单位项目负责人、专业项目负责人、设计单位项目负责人进行验收，并按附表 D-1 填写。

_____子分部工程质量验收表

工程名称		项目技术负责人/证号		/
子分部工程名称		项目质检员/证号		/
子分部工程施工单位		专业工长/证号		/
序号	分项工程名称	检验批数量	施工单位检查结果	监理(建设)单位验收结论
1				
2				
3				
4				
5				
6				
质量管理				
使用功能				
观感质量				
验收意见	专业施工单位	项目专业负责人：　　年　月　日		
	施工单位	项目负责人：　　　年　月　日		
	设计单位	项目负责人：　　　年　月　日		
	监理(建设)单位	监理工程师： (建设单位项目专业负责人) 　　　　年　月　日		

附录E 建筑给水排水及供暖 (分部) 工程质量验收

附表E由施工单位填写，验收结论由监理（建设）单位填写。综合验收结论由参加验收各方共同商定，建设单位填写，填写内容应对工程质量是否符合设计和规范要求及总体质量作出评价。

建筑给水排水及供暖(分部)工程质量验收表　　附表E-1

工程名称				层数/建筑面积	/
施工单位				开/竣工日期	/
项目经理/证号	/	专业技术负责人/证号	/	项目专业技术负责人/证号	/

序号	项 目	验收内容	验收结论
1	子分部工程质量验收	共____子分部,经查____子分部;符合规范及设计要求____子分部	
2	质量管理资料核查	共____项,经审查符合要求____项;经核定符合规范要求____项	
3	安全、卫生和主要使用功能核查抽查结果	共抽查____项,符合要求____项;经返工处理符合要求____项	
4	观感质量验收	共抽查____项,符合要求____项;不符合要求____项	
5	综合验收结论		

参加验收单位	施工单位	设计单位	监理单位	建设单位
	（公章） 单位(项目)负责人: 年 月 日	（公章） 单位(项目)负责人: 年 月 日	（公章） 总监理工程师: 年 月 日	（公章） 单位(项目)负责人: 年 月 日

2 通风与空调工程

2.1 基本要求

（1）通风与空调工程所使用的主要原材料、成品、半成品和设备的进场，必须对其进行验收。验收应经监理工程师认可，并应形成相应的质量记录。

（2）当通风与空调工程作为建筑工程的分部工程施工时，其子分部与分项工程的划分应按表 2-1-1 的规定执行。当通风与空调工程作为单位工程独立验收时，子分部上升为分部，分项工程的划分同上。

通风与空调分部工程的子分部划分　　表 2-1-1

子分部工程	分　项　工　程	
送、排风系统	风管与配件制作 部件制作 风管系统安装 风管与设备防腐 风机安装 系统调试	通风设备安装，消声设备制作与安装
防、排烟系统		排烟风口、常闭正压风口与设备安装
除尘系统		除尘器与排污设备安装
空调系统		空调设备安装，消声设备制作与安装，风管与设备绝热
净化空调系统		空调设备安装，消声设备制作与安装，风管与设备绝热，高效过滤器安装，净化设备安装
制冷系统	制冷机组安装，制冷剂管道及配件安装，制冷附属设备安装，管道及设备的防腐与绝热，系统调试	
空调水系统	冷热水管道系统安装，冷却水管道系统安装，冷凝水管道系统安装，阀门及部件安装，冷却塔安装，水泵及附属设备安装，管道与设备的防腐与绝热，系统调试	

（3）通风与空调工程的施工应按规定的程序进行，并与土建及其他专业工种互相配合；与通风与空调系统有关的土建工程施工完毕后，应由建设或总承包、监理、设计及施工单位共同会检。会检的组织宜由建设、监理或总承包单位负责。

（4）通风与空调工程分项工程施工质量的验收，应按本章对应分项的具体条文章执行。子分部中的各个分项，可根据施工工程的实际情况一次验收或数次验收。

（5）通风与空调工程中的隐蔽工程，在隐蔽前必须经监理人员验收及认可签证。

（6）通风与空调工程竣工的系统调试，应在建设和监理单位的共同参与下进行，施工企业应具有专业检测人员和符合有关标准规定的测试仪器。

（7）通风与空调工程施工质量的保修期限，自竣工验收合格日起计算为二个采暖期、供冷期。在保修期内发生施工质量问题的，施工企业应履行保修职责，责任方承担相应的经济责任。

（8）净化空调系统洁净室（区域）的洁净度等级应符合设计的要求。洁净度等级的检测应按附录 B 第 4 条的规定，洁净度等级与空气中悬浮粒子的最大浓度限值（C_n）的规定，见附录 B 附表 B-2。

（9）分项工程检验批验收合格质量应符合下列规定：

1）具有施工单位相应分项合格质量的验收记录；

2）主控项目的质量抽样检验应全数合格；

3）一般项目的质量抽样检验，除有特殊要求外，计数合格率不应小于 80%，且不得有严重缺陷。

2.2 风管制作

2.2.1 一般规定

（1）适用于建筑工程通风与空调工程中，使用的金属、非金属风管与复合材料风管或风道的加工、制作质量的检验与验收。

（2）对风管制作质量的验收，应按其材料、系统类别和使用场所的不同分别进行，主要包括风管的材质、规格、强度、严密性与成品外观质量等项内容。

（3）风管制作质量的验收，按设计图纸与本章的规定执行。工程中所选用的外购风管，还必须提供相应的产品合格证明文件或进行强度和严密性的验证，符合要求的方可使用。

（4）通风管道规格的验收，风管以外径或外边长为准，风道以内径或内边长为准。通风管道的规格宜按照表 2-2-1、表 2-2-2 的规定。圆形风管应优先采用基本系列。非规则椭圆形风管参照矩形风管，并以长径平面边长及短径尺寸为准。

圆形风管规格（mm）　　　　　　　　　表 2-2-1

风管直径 D			
基本系列	辅助系列	基本系列	辅助系列
100	80	250	240
	90	280	260
120	110	320	300
140	130	360	340
160	150	400	380
180	170	450	420
200	190	500	480
220	210	560	530
630	600	1250	1180
700	670	1400	1320
800	750	1600	1500
900	850	1800	1700
1000	950	2000	1900
1120	1060		

矩形风管规格（mm）   表 2-2-2

风 管 边 长				
120	320	800	2000	4000
160	400	1000	2500	—
200	500	1250	3000	—
250	630	1600	3500	—

（5）风管系统按其系统的工作压力划分为三个类别，其类别
划分应符合表 2-2-3 的规定。

风管系统类别划分   表 2-2-3

系统类别	系统工作压力 P（Pa）	密 封 要 求
低压系统	$P \leqslant 500$	接缝和接管连接处严密
中压系统	$500 < P \leqslant 1500$	接缝和接管连接处增加密封措施
高压系统	$P > 1500$	所有的拼接缝和接管连接处，均应采取密封措施

（6）镀锌钢板及各类含有复合保护层的钢板，应采用咬口连
接或铆接，不得采用影响其保护层防腐性能的焊接连接方法。

（7）风管的密封，应以板材连接的密封为主，可采用密封胶
嵌缝和其他方法密封。密封胶性能应符合使用环境的要求，密封
面宜设在风管的正压侧。

2.2.2 主控项目

（1）金属风管的材料品种、规格、性能与厚度等应符合设计
和现行国家产品标准的规定。当设计无规定时，应按本章执行。
钢板或镀锌钢板的厚度不得小于表 2-2-4 的规定；不锈钢板的厚度
不得小于表 2-2-5 的规定；铝板的厚度不得小于表 2-2-6 的规定。

钢板风管板材厚度（mm）   表 2-2-4

类 别 风管直径 D 或长边尺寸 b	圆形风管	矩形风管		除尘系统风管
		中、低压系统	高压系统	
D（b）$\leqslant 320$	0.5	0.5	0.75	1.5

风管直径 D 或长边尺寸 b 类 别	圆形风管	矩形风管 中、低压系统	矩形风管 高压系统	除尘系统风管
320＜D（b）≤450	0.6	0.6	0.75	1.5
450＜D（b）≤630	0.75	0.6	0.75	2.0
630＜D（b）≤1000	0.75	0.75	1.0	2.0
1000＜D（b）≤1250	1.0	1.0	1.0	2.0
1250＜D（b）≤2000	1.2	1.0	1.2	按设计
2000＜D（b）≤4000	按设计	1.2	按设计	按设计

注：1. 螺旋风管的钢板厚度可适当减小 10％～15％。

2. 排烟系统风管钢板厚度可按高压系统。

3. 特殊除尘系统风管钢板厚度应符合设计要求。

4. 不适用于地下人防与防火隔墙的预埋管。

高、中、低压系统不锈钢板风管板材厚度（mm） 表 2-2-5

风管直径或长边尺寸 b	不锈钢板厚度
b≤500	0.5
500＜b≤1120	0.75
1120＜b≤2000	1.0
2000＜b≤4000	1.2

中、低压系统铝板风管板材厚度（mm） 表 2-2-6

风管直径或长边尺寸 b	铝板厚度
b≤320	1.0
320＜b≤630	1.5
630＜b≤2000	2.0
2000＜b≤4000	按设计

检查数量：按材料与风管加工批数量抽查 10％，不得少于 5 件。

检查方法：查验材料质量合格证明文件、性能检测报告，尺量、观察检查。

（2）非金属风管的材料品种、规格、性能与厚度等应符合设计和现行国家产品标准的规定。当设计无规定时，应按本章执行。硬聚氯乙烯风管板材的厚度，不得小于表 2-2-7 或表 2-2-8 的规定；有机玻璃钢风管板材的厚度，不得小于表 2-2-9 的规定；无机玻璃钢风管板材的厚度应符合表 2-2-10 的规定，相应的玻璃布层数不应少于表 2-2-11 的规定，其表面不得出现返卤或严重泛霜。

用于高压风管系统的非金属风管厚度应按设计规定。

中、低压系统硬聚氯乙烯圆形风管板材厚度（mm）　　　　表 2-2-7

风管直径 D	板　材　厚　度
$D \leqslant 320$	3.0
$320 < D \leqslant 630$	4.0
$630 < D \leqslant 1000$	5.0
$1000 < D \leqslant 2000$	6.0

中、低压系统硬聚氯乙烯矩形风管板材厚度（mm）　　　　表 2-2-8

风管长边尺寸 b	板　材　厚　度
$b \leqslant 320$	3.0
$320 < b \leqslant 500$	4.0
$500 < b \leqslant 800$	5.0
$800 < b \leqslant 1250$	6.0
$1250 < b \leqslant 2000$	8.0

中、低压系统有机玻璃钢风管板材厚度（mm）　　　　表 2-2-9

圆形风管直径 D 或矩形风管长边尺寸 b	壁　厚
$D(b) \leqslant 200$	2.5
$200 < D(b) \leqslant 400$	3.2
$400 < D(b) \leqslant 630$	4.0
$630 < D(b) \leqslant 1000$	4.8
$1000 < D(b) \leqslant 2000$	6.2

中、低压系统无机玻璃钢风管板材厚度（mm）　　　表 2-2-10

圆形风管直径 D 或矩形风管长边尺寸 b	壁　　厚
$D(b) \leqslant 300$	2.5～3.5
$300 < D(b) \leqslant 500$	3.5～4.5
$500 < D(b) \leqslant 1000$	4.5～5.5
$1000 < D(b) \leqslant 1500$	5.5～6.5
$1500 < D(b) \leqslant 2000$	6.5～7.5
$D(b) > 2000$	7.5～8.5

中、低压系统无机玻璃钢风管玻璃
纤维布厚度与层数（mm）　　　表 2-2-11

圆形风管直径 D 或矩形风管长边 b	风管管体玻璃纤维布厚度		风管法兰玻璃纤维布厚度	
	0.3	0.4	0.3	0.4
	玻璃布层数			
$D(b) \leqslant 300$	5	4	8	7
$300 < D(b) \leqslant 500$	7	5	10	8
$500 < D(b) \leqslant 1000$	8	6	13	9
$1000 < D(b) \leqslant 1500$	9	7	14	10
$1500 < D(b) \leqslant 2000$	12	8	16	14
$D(b) > 2000$	14	9	20	16

检查数量：按材料与风管加工批数量抽查 10%，不得少于
5 件。

检查方法：查验材料质量合格证明文件、性能检测报告，尺
量、观察检查。

**（3）防火风管的本体、框架与固定材料、密封垫料必须为不
燃材料，其耐火等级应符合设计的规定。**

检查数量：按材料与风管加工批数量抽查 10%，不应少于
5 件。

检查方法：查验材料质量合格证明文件、性能检测报告，观
察检查与点燃试验。

（4）复合材料风管的覆面材料必须为不燃材料，内部的绝热材料应为不燃或难燃 B_1 级，且对人体无害的材料。

检查数量：按材料与风管加工批数量抽查 10%，不应少于 5 件。

检查方法：查验材料质量合格证明文件、性能检测报告，观察检查与点燃试验。

（5）风管必须通过工艺性的检测或验证，其强度和严密性要求应符合设计或下列规定：

1）风管的强度应能满足在 1.5 倍工作压力下接缝处无开裂；

2）矩形风管的允许漏风量应符合以下规定：

低压系统风管 　　　$Q_L \leqslant 0.1056 P^{0.65}$

中压系统风管 　　　$Q_M \leqslant 0.0352 P^{0.65}$

高压系统风管 　　　$Q_H \leqslant 0.0117 P^{0.65}$

式中　Q_L、Q_M、Q_H——系统风管在相应工作压力下，单位面积风管单位时间内的允许漏风量 $[m^3/(h \cdot m^2)]$；

　　　　　P——指风管系统的工作压力（Pa）。

3）低压、中压圆形金属风管、复合材料风管以及采用非法兰形式的非金属风管的允许漏风量，应为矩形风管规定值的 50%；

4）砖、混凝土风道的允许漏风量不应大于矩形低压系统风管规定值的 1.5 倍；

5）排烟、除尘、低温送风系统按中压系统风管的规定，1～5 级净化空调系统按高压系统风管的规定。

检查数量：按风管系统的类别和材质分别抽查，不得少于 3 件及 15m²。

检查方法：检查产品合格证明文件和测试报告，或进行风管强度和漏风量测试（见附录 A）。

（6）金属风管的连接应符合下列规定：

1）风管板材拼接的咬口缝应错开，不得有十字形拼接缝。

2）金属风管法兰材料规格不应小于表 2-2-12 或表 2-2-13 的

规定。中、低压系统风管法兰的螺栓及铆钉孔的孔距不得大于150mm；高压系统风管不得大于100mm。矩形风管法兰的四角部位应设有螺孔。

当采用加固方法提高了风管法兰部位的强度时，其法兰材料规格相应的使用条件可适当放宽。

无法兰连接风管的薄钢板法兰高度应参照金属法兰风管的规定执行。

金属圆形风管法兰及螺栓规格（mm）　　表 2-2-12

风管直径 D	法兰材料规格		螺栓规格
	扁钢	角钢	
D≤140	20×4	—	M6
140<D≤280	25×4	—	
280<D≤630	—	25×3	
630<D≤1250	—	30×4	M8
1250<D≤2000	—	40×4	

金属矩形风管法兰及螺栓规格（mm）　　表 2-2-13

风管长边尺寸 b	法兰材料规格（角钢）	螺栓规格
b≤630	25×3	M6
630<b≤1500	30×3	M8
1500<b≤2500	40×4	
2500<b≤4000	50×5	M10

检查数量：按加工批数量抽查 5%，不得少于 5 件。

检查方法：尺量、观察检查。

（7）非金属（硬聚氯乙烯、有机、无机玻璃钢）风管的连接还应符合下列规定：

1）法兰的规格应分别符合表 2-2-14～表 2-2-16 的规定，其螺栓孔的间距不得大于 120mm；矩形风管法兰的四角处，应设有螺孔；

硬聚氯乙烯圆形风管法兰规格（mm）　　表 2-2-14

风管直径 D	材料规格（宽×厚）	连接螺栓	风管直径 D	材料规格（宽×厚）	连接螺栓
D≤180	35×6	M6	800<D≤1400	45×12	
180<D≤400	35×8		1400<D≤1600	50×15	M10
400<D≤500	35×10	M8	1600<D≤2000	60×15	
500<D≤800	40×10		D>2000	按设计	

硬聚氯乙烯矩形风管法兰规格（mm）　　表 2-2-15

风管边长 b	材料规格（宽×厚）	连接螺栓	风管边长 b	材料规格（宽×厚）	连接螺栓
b≤160	35×6	M6	800<b≤1250	45×12	
160<b≤400	35×8		1250<b≤1600	50×15	M10
400<b≤500	35×10	M8	1600<b≤2000	60×18	
500<b≤800	40×10	M10	b>2000	按设计	

有机、无机玻璃钢风管法兰规格（mm）　　表 2-2-16

风管直径 D 或风管边长 b	材料规格（宽×厚）	连接螺栓
D(b)≤400	30×4	M8
400<D(b)≤1000	40×6	
1000<D(b)≤2000	50×8	M10

2）采用套管连接时，套管厚度不得小于风管板材厚度。

检查数量：按加工批数量抽查 5%，不得少于 5 件。

检查方法：尺量、观察检查。

（8）复合材料风管采用法兰连接时，法兰与风管板材的连接应可靠，其绝热层不得外露，不得采用降低板材强度和绝热性能的连接方法。

检查数量：按加工批数量抽查 5%，不得少于 5 件。

检查方法：尺量、观察检查。

（9）砖、混凝土风道的变形缝，应符合设计要求，不应渗水和漏风。

检查数量：全数检查。

检查方法：观察检查。

（10）金属风管的加固应符合下列规定：

1）圆形风管（不包括螺旋风管）直径不小于 800mm，且其管段长度大于 1250mm 或总表面积大于 4m² 均应采取加固措施；

2）矩形风管边长大于 630mm、保温风管边长大于 800mm，管段长度大于 1250mm 或低压风管单边平面积大于 1.2m²、中、高压风管大于 1.0m²，均应采取加固措施；

3）非规则椭圆风管的加固，应参照矩形风管执行。

检查数量：按加工批抽查 5%，不得少于 5 件。

检查方法：尺量、观察检查。

（11）非金属风管的加固，除应符合 2.2.2 中第（10）条的规定外还应符合下列规定：

1）硬聚氯乙烯风管的直径或边长大于 500mm 时，其风管与法兰的连接处应设加强板，且间距不得大于 450mm；

2）有机及无机玻璃钢风管的加固，应为本体材料或防腐性能相同的材料，并与风管成一整体。

检查数量：按加工批抽查 5%，不得少于 5 件。

检查方法：尺量、观察检查。

（12）矩形风管弯管的制作，一般应采用曲率半径为一个平面边长的内外同心弧形弯管。当采用其他形式的弯管，平面边长大于 500mm 时，必须设置弯管导流片。

检查数量：其他形式的弯管抽查 20%，不得少于 2 件。

检查方法：观察检查。

（13）净化空调系统风管还应符合下列规定：

1）矩形风管边长不大于 900mm 时，底面板不应有拼接缝；大于 900mm 时，不应有横向拼接缝；

2）风管所用的螺栓、螺母、垫圈和铆钉均应采用与管材性能相匹配、不会产生电化学腐蚀的材料，或采取镀锌或其他防腐措施，并不得采用抽芯铆钉；

3）不应在风管内设加固框及加固筋，风管无法兰连接不得使用S形插条、直角形插条及立联合角形插条等形式；

4）空气洁净度等级为1～5级的净化空调系统风管不得采用按扣式咬口；

5）风管的清洗不得用对人体和材质有危害的清洁剂；

6）镀锌钢板风管不得有镀锌层严重损坏的现象，如表层大面积白花、锌层粉化等。

检查数量：按风管数抽查20％，每个系统不得少于5个。

检查方法：查阅材料质量合格证明文件和观察检查，白绸布擦拭。

2.2.3 一般项目

（1）金属风管的制作应符合下列规定：

1）圆形弯管的曲率半径（以中心线计）和最少分节数量应符合表2-2-17的规定。圆形弯管的弯曲角度及圆形三通、四通支管与总管夹角的制作偏差不应大于3°；

圆形弯管曲率半径和最少节数   表2-2-17

弯管直径 D（mm）	曲率半径 R	弯管角度和最少节数							
		90°		60°		45°		30°	
		中节	端节	中节	端节	中节	端节	中节	端节
80～220	≥1.5D	2	2	1	2	1	2	—	2
220～450	D～1.5D	3	2	2	2	1	2	—	2
450～800	D～1.5D	4	2	2	2	1	2	1	2
800～1400	D	5	2	3	2	2	2	1	2
1400～2000	D	8	2	5	2	3	2	2	2

2）风管与配件的咬口缝应紧密、宽度应一致；折角应平直，圆弧应均匀；两端面平行。风管无明显扭曲与翘角；表面应平整，凹凸不大于10mm；

3）风管外径或外边长的允许偏差：当不大于300mm时，

为 2mm；当大于 300mm 时，为 3mm。管口平面度的允许偏差为 2mm，矩形风管两条对角线长度之差不应大于 3mm；圆形法兰任意正交两直径之差不应大于 2mm；

4) 焊接风管的焊缝应平整，不应有裂缝、凸瘤、穿透的夹渣、气孔及其他缺陷等，焊接后板材的变形应矫正，并将焊渣及飞溅物清除干净。

检查数量：通风与空调工程按制作数量 10% 抽查，不得少于 5 件；净化空调工程按制作数量抽查 20%，不得少于 5 件。

检查方法：查验测试记录，进行装配试验，尺量、观察检查。

(2) 金属法兰连接风管的制作还应符合下列规定：

1) 风管法兰的焊缝应熔合良好、饱满，无假焊和孔洞；法兰平面度的允许偏差为 2mm，同一批量加工的相同规格法兰的螺孔排列应一致，并具有互换性。

2) 风管与法兰采用铆接连接时，铆接应牢固、不应有脱铆和漏铆现象；翻边应平整、紧贴法兰，其宽度应一致，且不应小于 6mm；咬缝与四角处不应有开裂与孔洞。

3) 风管与法兰采用焊接连接时，风管端面不得高于法兰接口平面。除尘系统的风管，宜采用内侧满焊、外侧间断焊形式；风管端面距法兰接口平面不应小于 5mm。

当风管与法兰采用点焊固定连接时，焊点应融合良好，间距不应大于 100mm；法兰与风管应紧贴，不应有穿透的缝隙或孔洞。

4) 当不锈钢板或铝板风管的法兰采用碳素钢时，其规格应符合表 2-2-12、表 2-2-13 的规定，并应根据设计要求做防腐处理；铆钉应采用与风管材质相同或不产生电化学腐蚀的材料。

检查数量：通风与空调工程按制作数量抽查 10%，不得少于 5 件；净化空调工程按制作数量抽查 20%，不得少于 5 件。

检查方法：查验测试记录，进行装配试验，尺量、观察检查。

（3）无法兰连接风管的制作还应符合下列规定：

1）无法兰连接风管的接口及连接件，应符合表 2-2-18、表 2-2-19 的要求。圆形风管的芯管连接应符合表 2-2-20 的要求；

2）薄钢板法兰矩形风管的接口及附件，其尺寸应准确，形状应规则，接口处应严密；

薄钢板法兰的折边（或法兰条）应平直，弯曲度不应大于 5/1000；弹性插条或弹簧夹应与薄钢板法兰相匹配；角件与风管薄钢板法兰四角接口的固定应稳固、紧贴，端面应平整、相连处不应有缝隙大于 2mm 的连续穿透缝；

3）采用 C、S 形插条连接的矩形风管，其边长不应大于 630mm；插条与风管加工插口的宽度应匹配一致，其允许偏差为 2mm；连接应平整、严密，插条两端压倒长度不应小于 20mm；

4）采用立咬口、包边立咬口连接的矩形风管，其立筋的高度应不小于同规格风管的角钢法兰宽度。同一规格风管的立咬口、包边立咬口的高度应一致，折角应倾角、直线度允许偏差为 5/1000；咬口连接铆钉的间距不应大于 150mm；间隔应均匀；立咬口四角连接处的铆固，应紧密、无孔洞。

圆形风管无法兰连接形式　　　　表 2-2-18

无法兰连接形式		附件板厚（mm）	接口要求	使用范围
承插连接		—	插入深度≥30mm，有密封要求	低压风管　直径<700mm
带加强筋承插		—	插入深度≥20mm，有密封要求	中、低压风管
角钢加固承插		—	插入深度≥20mm，有密封要求	中、低压风管

无法兰连接形式		附件板厚 （mm）	接口要求	使用范围
芯管 连接		≥管板厚	插入深度≥20mm， 有密封要求	中、低压风管
立筋 抱箍 连接		≥管板厚	翻边与楞筋匹配一 致，紧固严密	中、低压风管
抱箍 连接		≥管板厚	对口尽量靠近不重 叠，抱箍应居中	中、低压风管宽 度≥100mm

矩形风管无法兰连接形式　　　　　表 2-2-19

无法兰连接形式		附件板厚 （mm）	使用范围
S形插条		≥0.7	气压风管单独使用连接处必 须有固定措施
C形插条		≥0.7	中、低压风管
立插条		≥0.7	中、低压风管
立咬口		≥0.7	中、低压风管
包边立 咬口		≥0.7	中、低压风管

无法兰连接形式		附件板厚（mm）	使用范围
薄钢板法兰插条		≥1.0	中、低压风管
薄钢板法兰弹簧夹		≥1.0	中、低压风管
直角形平插条		≥0.7	低压风管
立联合角形插条		≥0.8	低压风管

注：薄钢板法兰风管也可采用铆接法兰条连接的方法。

圆形风管的芯管连接   表 2-2-20

风管直径 D（mm）	芯管长度 l（mm）	自攻螺丝或抽芯铆钉数量（个）	外径允许偏差（mm）	
			圆管	芯管
120	120	3×2	−1～0	−4～−3
300	160	4×2		
400	200	4×2	−2～0	−5～−4
700	200	6×2		
900	200	8×2		
1000	200	8×2		

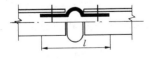

　　检查数量：按制作数量抽查 10%，不得少于 5 件；净化空调工程抽查 20%，均不得少于 5 件。

检查方法：查验测试记录，进行装配试验，尺量、观察检查。

（4）风管的加固应符合下列规定：

1）风管的加固可采用楞筋、立筋、角钢（内、外加固）、扁钢、加固筋和管内支撑等形式，如图 2-2-1；

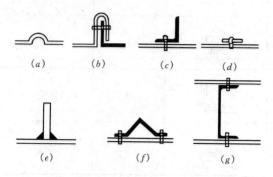

图 2-2-1　风管的加固形式

(a) 楞筋；(b) 立筋；(c) 角钢加固；(d) 扁钢平加
固；(e) 扁钢立加固；(f) 加固筋；(g) 管内支撑

2）楞筋或楞线的加固，排列应规则，间隔应均匀，板面不应有明显的变形；

3）角钢、加固筋的加固，应排列整齐、均匀对称，其高度应不大于风管的法兰宽度。角钢、加固筋与风管的铆接应牢固、间隔应均匀，不应大于 220mm；两相交处应连接成一体；

4）管内支撑与风管的固定应牢固，各支撑点之间或与风管的边沿或法兰的间距应均匀，不应大于 950mm；

5）中压和高压系统风管的管段，其长度大于 1250mm 时，还应有加固框补强。高压系统金属风管的单咬口缝，还应有防止咬口缝胀裂的加固或补强措施。

检查数量：按制作数量抽查 10%，净化空调系统抽查 20%，均不得少于 5 件。

检查方法：查验测试记录，进行装配试验，观察和尺量检查。

（5）硬聚氯乙烯风管除应执行 2.2.3 中第 4.3（1）条第 1）、3）款和第（2）条第 1）款外，还应符合下列规定：

1）风管的两端面平行，无明显扭曲，外径或外边长的允许偏差为 2mm；表面平整、圆弧均匀，凹凸不应大于 5mm；

2）焊缝的坡口形式和角度应符合表 2-2-21 的规定；

焊缝形式及坡口　　　　　　　　表 2-2-21

焊缝形式	焊缝名称	图　　　形	焊缝高度（mm）	板材厚度（mm）	焊缝坡口张角 α（°）
对接焊缝	V 形单面焊		2～3	3～5	70～90
	V 形双面焊		2～3	5～8	70～90
	X 形双面焊		2～3	≥8	70～90
搭接焊缝	搭接焊		≥最小板厚	3～10	—

焊缝形式	焊缝名称	图　　形	焊缝高度 （mm）	板材厚度 （mm）	焊缝坡口 张角 α （°）
填角焊缝	填角焊 无坡角		≥最小 板厚	6～18	—
			≥最小 板厚	≥3	—
对角焊缝	V 形 对角焊	1～1.5　α	≥最小 板厚	3～5	70～90
	V 形 对角焊	1～1.5　α	≥最小 板厚	5～8	70～90
	V 形 对角焊	3～5　α	≥最小 板厚	6～15	70～90

　　3）焊缝应饱满，焊条排列应整齐，无焦黄、断裂现象；

　　4）用于洁净室时，还应按 2.2.3 中第（11）条的有关规定执行。

　　检查数量：按风管总数抽查 10%，法兰数抽查 5%，不得少于 5 件。

　　检查方法：尺量、观察检查。

（6）有机玻璃钢风管除应执行 2.2.3 中第（1）条第 1）～
3）款和第（2）条第 1）款外，还应符合下列规定：

1）风管不应有明显扭曲、内表面应平整光滑，外表面应整
齐美观，厚度应均匀，且边缘无毛刺，并无气泡及分层现象；

2）风管的外径或外边长尺寸的允许偏差为 3mm，圆形风管
的任意正交两直径之差不应大于 5mm；矩形风管的两对角线之
差不应大于 5mm；

3）法兰应与风管成一整体，并应有过渡圆弧，并与风管轴
线成直角，管口平面度的允许偏差为 3mm；螺孔的排列应均匀，
至管壁的距离应一致，允许偏差为 2mm；

4）矩形风管的边长大于 900mm，且管段长度大于 1250mm
时，应加固。加固筋的分布应均匀、整齐。

检查数量：按风管总数抽查 10%，法兰数抽查 5%，不得少
于 5 件。

检查方法：尺量、观察检查。

（7）无机玻璃钢风管除应执行 2.2.3 中第（1）条第 1）～
3）款和第（2）条第 1）款外，还应符合下列规定：

1）风管的表面应光洁、无裂纹、无明显泛霜和分层现象；

2）风管的外形尺寸的允许偏差应符合表 2-2-22 的规定；

无机玻璃钢风管外形尺寸（mm） 表 2-2-22

直径或 大边长	矩形风管外 表平面度	矩形风管管口 对角线之差	法兰平 面度	圆形风管 两直径之差
≤300	≤3	≤3	≤2	≤3
301～500	≤3	≤4	≤2	≤3
501～1000	≤4	≤5	≤2	≤4
1001～1500	≤4	≤6	≤3	≤5
1501～2000	≤5	≤7	≤3	≤5
＞2000	≤6	≤8	≤3	≤5

3）风管法兰的规定与有机玻璃钢法兰相同。

检查数量：按风管总数抽查10％，法兰数抽查5％，不得少于5件。

检查方法：尺量、观察检查。

（8）砖、混凝土风道内表面水泥砂浆应抹平整、无裂缝，不渗水。

检查数量：按风道总数抽查10％，不得少于一段。

检查方法：观察检查。

（9）双面铝箔绝热板风管除应执行2.2.3中第（1）条第2）、3）款和第（2）条第2）款外，还应符合下列规定：

1）板材拼接宜采用专用的连接构件，连接后板面平面度的允许偏差为5mm；

2）风管的折角应平直，拼缝粘接应牢固、平整，风管的粘结材料宜为难燃材料；

3）风管采用法兰连接时，其连接应牢固，法兰平面度的允许偏差为2mm；

4）风管的加固，应根据系统工作压力及产品技术标准的规定执行。

检查数量：按风管总数抽查10％，法兰数抽查5％，不得少于5件。

检查方法：尺量、观察检查。

（10）铝箔玻璃纤维板风管除应执行2.2.3中第（1）条第2）、3）款和第（2）条第2）款外，还应符合下列规定：

1）风管的离心玻璃纤维板材应干燥、平整；板外表面的铝箔隔气保护层应与内芯玻璃纤维材料粘合牢固；内表面应有防纤维脱落的保护层，并应对人体无危害。

2）当风管连接采用插入接口形式时，接缝处的粘接应严密、牢固，外表面铝箔胶带密封的每一边粘贴宽度不应小于25mm，并应有辅助的连接固定措施。

当风管的连接采用法兰形式时，法兰与风管的连接应牢固，并应能防止板材纤维逸出和冷桥。

3）风管表面应平整、两端面平行，无明显凹穴、变形、起泡，铝箔无破损等。

4）风管的加固，应根据系统工作压力及产品技术标准的规定执行。

检查数量：按风管总数抽查 10%，不得少于 5 件。

检查方法：尺量、观察检查。

(11) 净化空调系统风管还应符合以下规定：

1）现场应保持清洁，存放时应避免积尘和受潮。风管的咬口缝、折边和铆接等处有损坏时，应做防腐处理；

2）风管法兰铆钉孔的间距，当系统洁净度的等级为 1～5 级时，不应大于 65mm；为 6～9 级时，不应大于 100mm；

3）静压箱本体、箱内固定高效过滤器的框架及固定件应做镀锌、镀镍等防腐处理；

4）制作完成的风管，应进行第二次清洗，经检查达到清洁要求后应及时封口。

检查数量：按风管总数抽查 20%，法兰数抽查 10%，不得少于 5 件。

检查方法：观察检查，查阅风管清洗记录，用白绸布擦拭。

2.3 风管部件与消声器制作

2.3.1 一般规定

(1) 适用于通风与空调工程中风口、风阀、排风罩等其他部件及消声器的加工制作或产成品质量的验收。

(2) 一般风量调节阀按设计文件和风阀制作的要求进行验收，其他风阀按外购产品质量进行验收。

2.3.2 主控项目

(1) 手动单叶片或多叶片调节风阀的手轮或扳手，应以顺时针方向转动为关闭，其调节范围及开启角度指示应与叶片开启角度相一致。

用于除尘系统间歇工作点的风阀，关闭时应能密封。

检查数量：按批抽查 10%，不得少于 1 个。

检查方法：手动操作、观察检查。

（2）电动、气动调节风阀的驱动装置，动作应可靠，在最大工作压力下工作正常。

检查数量：按批抽查 10%，不得少于 1 个。

检查方法：核对产品的合格证明文件、性能检测报告，观察或测试。

（3）防火阀和排烟阀（排烟口）必须符合有关消防产品标准的规定，并具有相应的产品合格证明文件。

检查数量：按种类、批抽查 10%，不得少于 2 个。

检查方法：核对产品的合格证明文件、性能检测报告。

（4）防爆风阀的制作材料必须符合设计规定，不得自行替换。

检查数量：全数检查。

检查方法：核对材料品种、规格，观察检查。

（5）净化空调系统的风阀，其活动件、固定件以及紧固件均应采取镀锌或作其他防腐处理（如喷塑或烤漆）；阀体与外界相通的缝隙处，应有可靠的密封措施。

检查数量：按批抽查 10%，不得少于 1 个。

检查方法：核对产品的材料，手动操作、观察。

（6）工作压力大于 1000Pa 的调节风阀，生产厂应提供（在 1.5 倍工作压力下能自由开关）强度测试合格的证书（或试验报告）。

检查数量：按批抽查 10%，不得少于 1 个。

检查方法：核对产品的合格证明文件、性能检测报告。

（7）防排烟系统柔性短管的制作材料必须为不燃材料。

检查数量：全数检查。

检查方法：核对材料品种的合格证明文件。

（8）消声弯管的平面边长大于 800mm 时，应加设吸声导流片；消声器内直接迎风面的布质覆面层应有保护措施；净化空调系统消声器内的覆面应为不易产尘的材料。

检查数量：全数检查。

检查方法：观察检查、核对产品的合格证明文件。

2.3.3 一般项目

（1）手动单叶片或多叶片调节风阀应符合下列规定：

1）结构应牢固，启闭应灵活，法兰应与相应材质风管的相一致；

2）叶片的搭接应贴合一致，与阀体缝隙应小于 2mm；

3）截面积大于 1.2m² 的风阀应实施分组调节。

检查数量：按类别、批抽查 10%，不得少于 1 个。

检查方法：手动操作，尺量、观察检查。

（2）止回风阀应符合下列规定：

1）启闭灵活，关闭时应严密；

2）阀叶的转轴、铰链应采用不易锈蚀的材料制作，保证转动灵活、耐用；

3）阀片的强度应保证在最大负荷压力下不弯曲变形；

4）水平安装的止回风阀应有可靠的平衡调节机构。

检查数量：按类别、批抽查 10%，不得少于 1 个。

检查方法：观察、尺量，手动操作试验与核对产品的合格证明文件。

（3）插板风阀应符合下列规定：

1）壳体应严密，内壁应作防腐处理；

2）插板应平整，启闭灵活，并有可靠的定位固定装置；

3）斜插板风阀的上下接管应成一直线。

检查数量：按类别、批抽查 10%，不得少于 1 个。

检查方法：手动操作，尺量、观察检查。

（4）三通调节风阀应符合下列规定：

1）拉杆或手柄的转轴与风管的结合处应严密；

2）拉杆可在任意位置上固定，手柄开关应标明调节的角度；

3）阀板调节方便，并不与风管相碰擦。

检查数量：按类别、批分别抽查 10％，不得少于 1 个。

检查方法：观察、尺量，手动操作试验。

（5）风量平衡阀应符合产品技术文件的规定。

检查数量：按类别、批分别抽查 10％，不得少于 1 个。

检查方法：观察、尺量，核对产品的合格证明文件。

（6）风罩的制作应符合下列规定：

1）尺寸正确、连接牢固、形状规则、表面平整光滑，其外壳不应有尖锐边角；

2）槽边侧吸罩、条缝抽风罩尺寸应正确，转角处弧度均匀、形状规则，吸入口平整，罩口加强板分隔间距应一致；

3）厨房锅灶排烟罩应采用不易锈蚀材料制作，其下部集水槽应严密不漏水，并坡向排放口，罩内油烟过滤器应便于拆卸和清洗。

检查数量：每批抽查 10％，不得少于 1 个。

检查方法：尺量、观察检查。

（7）风帽的制作应符合下列规定：

1）尺寸应正确，结构牢靠，风帽接管尺寸的允许偏差同风管的规定一致；

2）伞形风帽伞盖的边缘应有加固措施，支撑高度尺寸应一致；

3）锥形风帽内外锥体的中心应同心，锥体组合的连接缝应顺水，下部排水应畅通；

4）筒形风帽的形状应规则、外筒体的上下沿口应加固，其不圆度不应大于直径的 2％。伞盖边缘与外筒体的距离应一致，挡风圈的位置应正确；

5）三叉形风帽三个支管的夹角应一致，与主管的连接应严密。主管与支管的锥度应为 3°～4°。

检查数量：按批抽查 10％，不得少于 1 个。

检查方法：尺量、观察检查。

（8）矩形弯管导流叶片的迎风侧边缘应圆滑，固定应牢固。导流片的弧度应与弯管的角度相一致。导流片的分布应符合设计规定。当导流叶片的长度超过 1250mm 时，应有加强措施。

检查数量：按批抽查 10%，不得少于 1 个。

检查方法：核对材料，尺量、观察检查。

（9）柔性短管应符合下列规定：

1）应选用防腐、防潮、不透气、不易霉变的柔性材料。用于空调系统的应采取防止结露的措施；用于净化空调系统的还应是内壁光滑、不易产生尘埃的材料；

2）柔性短管的长度，一般宜为 150～300mm，其连接处应严密、牢固可靠；

3）柔性短管不宜作为找正、找平的异径连接管；

4）设于结构变形缝的柔性短管，其长度宜为变形缝的宽度加 100mm 及以上。

检查数量：按数量抽查 10%，不得少于 1 个。

检查方法：尺量、观察检查。

（10）消声器的制作应符合下列规定：

1）所选用的材料，应符合设计的规定，如防火、防水、防潮和卫生性能等要求；

2）外壳应牢固、严密，其漏风量应符合 2.22 中第（5）条的规定；

3）充填的消声材料，应按规定的密度均匀铺设，并应有防止下沉的措施。消声材料的覆面层不得破损，搭接应顺气流，且应拉紧，界面无毛边；

4）隔板与壁板结合处应紧贴、严密；穿孔板应平整、无毛刺，其孔径和穿孔率应符合设计要求。

检查数量：按批抽查 10%，不得少于 1 个。

检查方法：尺量、观察检查，核对材料合格的证明文件。

（11）检查门应平整、启闭灵活、关闭严密，其与风管或空气处理室的连接处应采取密封措施，无明显渗漏。

净化空调系统风管检查门的密封垫料，宜采用成型密封胶带或软橡胶条制作。

检查数量：按数量抽查 20%，不得少于 1 个。

检查方法：观察检查。

（12）风口的验收，规格以颈部外径与外边长为准，其尺寸的允许偏差值应符合表 2-3-1 的规定。风口的外表装饰面应平整、叶片或扩散环的分布应匀称、颜色应一致、无明显的划伤和压痕；调节装置转动应灵活、可靠，定位后应无明显自由松动。

检查数量：按类别、批分别抽查 5%，不得少于 1 个。

检查方法：尺量、观察检查，核对材料合格的证明文件与手动操作检查。

风口尺寸允许偏差 （mm）   表 2-3-1

圆 形 风 口		
直　径	≤250	>250
允 许 偏 差	0～−2	0～−3
矩 形 风 口		
边　长	<300	300～800	>800
允 许 偏 差	0～−1	0～−2	0～−3
对角线长度	<300	300～500	>500
对角线长度之差	≤1	≤2	≤3

2.4 风管系统安装

2.4.1 一般规定

（1）适用于通风与空调工程中的金属和非金属风管系统安装质量的检验和验收。

（2）风管系统安装后，必须进行严密性检验，合格后方能交付下道工序。风管系统严密性检验以主、干管为主。在加工工艺得到保证的前提下，低压风管系统可采用漏光法检测。

（3）风管系统吊、支架采用膨胀螺栓等胀锚方法固定时，必须符合其相应技术文件的规定。

2.4.2 主控项目

(1) 在风管穿过需要封闭的防火、防爆的墙体或楼板时，应设预埋管或防护套管，其钢板厚度不应小于 **1.6mm**。风管与防护套管之间，应用不燃且对人体无危害的柔性材料封堵。

检查数量：按数量抽查 20%，不得少于 1 个系统。

检查方法：尺量、观察检查。

(2) 风管安装必须符合下列规定：

1) 风管内严禁其他管线穿越；

2) 输送含有易燃、易爆气体或安装在易燃、易爆环境的风管系统应有良好的接地，通过生活区或其他辅助生产房间时必须严密，并不得设置接口；

3) 室外立管的固定拉索严禁拉在避雷针或避雷网上。

检查数量：按数量抽查 20%，不得少于 1 个系统。

检查方法：手扳、尺量、观察检查。

(3) 输送空气温度高于 **80℃** 的风管，应按设计规定采取防护措施。

检查数量：按数量抽查 20%，不得少于 1 个系统。

检查方法：观察检查。

(4) 风管部件安装必须符合下列规定：

1) 各类风管部件及操作机构的安装，应能保证其正常的使用功能，并便于操作；

2) 斜插板风阀的安装，阀板必须为向上拉启；水平安装时，阀板还应为顺气流方向插入；

3) 止回风阀、自动排气活门的安装方向应正确。

检查数量：按数量抽查 20%，不得少于 5 件。

检查方法：尺量、观察检查，动作试验。

(5) 防火阀、排烟阀（口）的安装方向、位置应正确。防火分区隔墙两侧的防火阀，距墙表面不应大于 200mm。

检查数量：按数量抽查 20%，不得少于 5 件。

检查方法：尺量、观察检查，动作试验。

（6）净化空调系统风管的安装还应符合下列规定：

1）风管、静压箱及其他部件，必须擦拭干净，做到无油污和浮尘，当施工停顿或完毕时，端口应封好；

2）法兰垫料应为不产尘、不易老化和具有一定强度和弹性的材料，厚度为 5～8mm，不得采用乳胶海绵；法兰垫片应尽量减少拼接，并不允许直缝对接连接，严禁在垫料表面涂涂料；

3）风管与洁净室吊顶、隔墙等围护结构的接缝处应严密。

检查数量：按数量抽查 20%，不得少于 1 个系统。

检查方法：观察、用白绸布擦拭。

（7）集中式真空吸尘系统的安装应符合下列规定：

1）真空吸尘系统弯管的曲率半径不应小于 4 倍管径，弯管的内壁面应光滑，不得采用褶皱弯管；

2）真空吸尘系统三通的夹角不得大于 45°；四通制作应采用两个斜三通的做法。

检查数量：按数量抽查 20%，不得少于 2 件。

检查方法：尺量、观察检查。

（8）风管系统安装完毕后，应按系统类别进行严密性检验，漏风量应符合设计与 2.2.2 中第（5）条的规定。风管系统的严密性检验，应符合下列规定：

1）低压系统风管的严密性检验应采用抽检，抽检率为 5%，且不得少于 1 个系统。在加工工艺得到保证的前提下，采用漏光法检测。检测不合格时，应按规定的抽检率做漏风量测试。

中压系统风管的严密性检验，应在漏光法检测合格后，对系统漏风量测试进行抽检，抽检率为 20%，且不得少于 1 个系统。

高压系统风管的严密性检验，为全数进行漏风量测试。

系统风管严密性检验的被抽检系统，应全数合格，则视为通过；如有不合格时，则应再加倍抽检，直至全数合格。

2）净化空调系统风管的严密性检验，1～5 级的系统按高压系统风管的规定执行；6～9 级的系统按 2.2.2 中第（5）条的规定执行。

检查数量：按条文中的规定。

检查方法：按本章附录 A 的规定进行严密性测试。

（9）手动密闭阀安装，阀门上标志的箭头方向必须与受冲击波方向一致。

检查数量：全数检查。

检查方法：观察、核对检查。

2.4.3 一般项目

（1）风管的安装应符合下列规定：

1）风管安装前，应清除内、外杂物，并做好清洁和保护工作；

2）风管安装的位置、标高、走向，应符合设计要求。现场风管接口的配置，不得缩小其有效截面；

3）连接法兰的螺栓应均匀拧紧，其螺母宜在同一侧；

4）风管接口的连接应严密、牢固。风管法兰的垫片材质应符合系统功能的要求，厚度不应小于 3mm。垫片不应凸入管内，亦不宜突出法兰外；

5）柔性短管的安装，应松紧适度，无明显扭曲；

6）可伸缩性金属或非金属软风管的长度不宜超过 2m，并不应有死弯或塌凹；

7）风管与砖、混凝土风道的连接接口，应顺着气流方向插入，并应采取密封措施。风管穿出屋面处应设有防雨装置；

8）不锈钢板、铝板风管与碳素钢支架的接触处，应有隔绝或防腐绝缘措施。

检查数量：按数量抽查 10％，不得少于 1 个系统。

检查方法：尺量、观察检查。

（2）无法兰连接风管的安装还应符合下列规定：

1）风管的连接处，应完整无缺损、表面应平整，无明显扭曲；

2）承插式风管的四周缝隙应一致，无明显的弯曲或褶皱；

内涂的密封胶应完整，外粘的密封胶带，应粘贴牢固、完整无缺损；

3）薄钢板法兰形式风管的连接，弹性插条、弹簧夹或紧固螺栓的间隔不应大于150mm，且分布均匀，无松动现象；

4）插条连接的矩形风管，连接后的板面应平整、无明显弯曲。

检查数量：按数量抽查10％，不得少于1个系统。

检查方法：尺量、观察检查。

（3）风管的连接应平直、不扭曲。明装风管水平安装，水平度的允许偏差为3/1000，总偏差不应大于20mm。明装风管垂直安装，垂直度的允许偏差为2/1000，总偏差不应大于20mm。暗装风管的位置，应正确、无明显偏差。

除尘系统的风管，宜垂直或倾斜敷设，与水平夹角宜大于或等于45°，小坡度和水平管应尽量短。

对含有凝结水或其他液体的风管，坡度应符合设计要求，并在最低处设排液装置。

检查数量：按数量抽查10％，但不得少于1个系统。

检查方法：尺量、观察检查。

（4）风管支、吊架的安装应符合下列规定：

1）风管水平安装，直径或长边尺寸不大于400mm，间距不应大于4m；大于400mm，不应大于3m。螺旋风管的支、吊架间距可分别延长至5m和3.75m；对于薄钢板法兰的风管，其支、吊架间距不应大于3m。

2）风管垂直安装，间距不应大于4m，单根直管至少应有2个固定点。

3）风管支、吊架宜按国标图集与规范选用强度和刚度相适应的形式和规格。对于直径或边长大于2500mm的超宽、超重等特殊风管的支、吊架应按设计规定。

4）支、吊架不宜设置在风口、阀门、检查门及自控机构处，离风口或插接管的距离不宜小于200mm。

5）当水平悬吊的主、干风管长度超过 20m 时，应设置防止摆动的固定点，每个系统不应少于 1 个。

6）吊架的螺孔应采用机械加工。吊杆应平直，螺纹完整、光洁。安装后各副支、吊架的受力应均匀，无明显变形。

风管或空调设备使用的可调隔振支、吊架的拉伸或压缩量应按设计的要求进行调整。

7）抱箍支架，折角应平直，抱箍应紧贴并箍紧风管。安装在支架上的圆形风管应设托座和抱箍，其圆弧应均匀，且与风管外径相一致。

检查数量：按数量抽查 10%，不得少于 1 个系统。

检查方法：尺量、观察检查。

（5）非金属风管的安装还应符合下列的规定：

1）风管连接两法兰端面应平行、严密，法兰螺栓两侧应加镀锌垫圈；

2）应适当增加支、吊架与水平风管的接触面积；

3）硬聚氯乙烯风管的直段连续长度大于 20m，应按设计要求设置伸缩节；支管的重量不得由干管来承受，必须自行设置支、吊架；

4）风管垂直安装，支架间距不应大于 3m。

检查数量：按数量抽查 10%，不得少于 1 个系统。

检查方法：尺量、观察检查。

（6）复合材料风管的安装还应符合下列规定：

1）复合材料风管的连接处，接缝应牢固，无孔洞和开裂。当采用插接连接时，接口应匹配、无松动，端口缝隙不应大于 5mm；

2）采用法兰连接时，应有防冷桥的措施；

3）支、吊架的安装宜按产品标准的规定执行。

检查数量：按数量抽查 10%，但不得少于 1 个系统。

检查方法：尺量、观察检查。

（7）集中式真空吸尘系统的安装应符合下列规定：

1）吸尘管道的坡度宜为 5/1000，并坡向立管或吸尘点；

2）吸尘嘴与管道的连接，应牢固、严密。

检查数量：按数量抽查 20%，不得少于 5 件。

检查方法：尺量、观察检查。

（8）各类风阀应安装在便于操作及检修的部位，安装后的手动或电动操作装置应灵活、可靠，阀板关闭应保持严密。

防火阀直径或长边尺寸大于等于 630mm 时，宜设独立支、吊架。

排烟阀（排烟口）及手控装置（包括预埋套管）的位置应符合设计要求。预埋套管不得有死弯及瘪陷。

除尘系统吸入管段的调节阀，宜安装在垂直管段上。

检查数量：按数量抽查 10%，不得少于 5 件。

检查方法：尺量、观察检查。

（9）风帽安装必须牢固，连接风管与屋面或墙面的交接处不应渗水。

检查数量：按数量抽查 10%，不得少于 5 件。

检查方法：尺量、观察检查。

（10）排、吸风罩的安装位置应正确，排列整齐，牢固可靠。

检查数量：按数量抽查 10%，不得少于 5 件。

检查方法：尺量、观察检查。

（11）风口与风管的连接应严密、牢固，与装饰面相紧贴；表面平整、不变形，调节灵活、可靠。条形风口的安装，接缝处应衔接自然，无明显缝隙。同一厅室、房间内的相同风口的安装高度应一致，排列应整齐。

明装无吊顶的风口，安装位置和标高偏差不应大于 10mm。

风口水平安装，水平度的偏差不应大于 3/1000。

风口垂直安装，垂直度的偏差不应大于 2/1000。

检查数量：按数量抽查 10%，不得少于 1 个系统或不少于 5 件和 2 个房间的风口。

检查方法：尺量、观察检查。

（12）净化空调系统风口安装还应符合下列规定：

1）风口安装前应清扫干净，其边框与建筑顶棚或墙面间的接缝处应加设密封垫料或密封胶，不应漏风；

2）带高效过滤器的送风口，应采用可分别调节高度的吊杆。

检查数量：按数量抽查 20%，不得少于 1 个系统或不少于 5 件和 2 个房间的风口。

检查方法：尺量、观察检查。

2.5　通风与空调设备安装

2.5.1　一般规定

（1）适用于工作压力不大于 5kPa 的通风机与空调设备安装质量的检验与验收。

（2）通风与空调设备应有装箱清单、设备说明书、产品质量合格证书和产品性能检测报告等随机文件，进口设备还应具有商检合格的证明文件。

（3）设备安装前，应进行开箱检查，并形成验收文字记录。参加人员为建设、监理、施工和厂商等方单位的代表。

（4）设备就位前应对其基础进行验收，合格后方能安装。

（5）设备的搬运和吊装必须符合产品说明书的有关规定。

2.5.2　主控项目

（1）通风机的安装应符合下列规定：

1）型号、规格应符合设计规定，其出口方向应正确；

2）叶轮旋转应平稳，停转后不应每次停留在同一位置上；

3）固定通风机的地脚螺栓应拧紧，并有防松动措施。

检查数量：全数检查。

检查方法：依据设计图核对、观察检查。

（2）通风机传动装置的外露部位以及直通大气的进、出口，必须装设防护罩（网）或采取其他安全设施。

检查数量：全数检查。

检查方法：依据设计图核对、观察检查。

（3）空调机组的安装应符合下列规定：

1）型号、规格、方向和技术参数应符合设计要求；

2）现场组装的组合式空气调节机组应做漏风量的检测，其漏风量必须符合现行国家标准《组合式空调机组》GB/T 14294的规定。

检查数量：按总数抽检 20%，不得少于 1 台。净化空调系统的机组，1～5 级全数检查，6～9 级抽查 50%。

检查方法：依据设计图核对，检查测试记录。

（4）除尘器的安装应符合下列规定：

1）型号、规格、进出口方向必须符合设计要求；

2）现场组装的除尘器壳体应做漏风量检测，在设计工作压力下允许漏风率为 5%，其中离心式除尘器为 3%；

3）布袋除尘器、电除尘器的壳体及辅助设备接地应可靠。

检查数量：按总数抽查 20%，不得少于 1 台；接地全数检查。

检查方法：按图核对、检查测试记录和观察检查。

（5）高效过滤器应在洁净室及净化空调系统进行全面清扫和系统连续试车 12h 以上后，在现场拆开包装并进行安装。

安装前需进行外观检查和仪器检漏。目测不得有变形、脱落、断裂等破损现象；仪器抽检检漏应符合产品质量文件的规定。

合格后立即安装，其方向必须正确，安装后的高效过滤器四周及接口，应严密不漏；在调试前应进行扫描检漏。

检查数量：高效过滤器的仪器抽检检漏按批抽检 5%，不得少于 1 台。

检查方法：观察检查、按附录 B 规定扫描检测或查看检测记录。

（6）净化空调设备的安装还应符合下列规定：

1）净化空调设备与洁净室围护结构相连的接缝必须密封；

2）风机过滤器单元（FFU 与 FMU 空气净化装置）应在清洁的现场进行外观检查，目测不得有变形、锈蚀、漆膜脱落、拼接板破损等现象；在系统试运转时，必须在进风口处加装临时中效过滤器作为保护。

检查数量：全数检查。

检查方法：按设计图核对、观察检查。

（7）静电空气过滤器金属外壳接地必须良好。

检查数量：按总数抽查 20％，不得少于 1 台。

检查方法：核对材料、观察检查或电阻测定。

（8）电加热器的安装必须符合下列规定：

1）电加热器与钢构架间的绝热层必须为不燃材料；接线柱外露的应加设安全防护罩；

2）电加热器的金属外壳接地必须良好；

3）连接电加热器的风管的法兰垫片，应采用耐热不燃材料。

检查数量：按总数抽查 20％，不得少于 1 台。

检查方法：核对材料、观察检查或电阻测定。

（9）干蒸汽加湿器的安装，蒸汽喷管不应朝下。

检查数量：全数检查。

检查方法：观察检查。

（10）过滤吸收器的安装方向必须正确，并应设独立支架，与室外的连接管段不得泄漏。

检查数量：全数检查。

检查方法：观察或检测。

2.5.3 一般项目

（1）通风机的安装应符合下列规定：

1）通风机的安装，应符合表 2-5-1 的规定，叶轮转子与机壳的组装位置应正确；叶轮进风口插入风机机壳进风口或密封圈的深度，应符合设备技术文件的规定，或为叶轮外径值的 1/100；

通风机安装的允许偏差   表 2-5-1

项次	项　　目		允许偏差	检验方法
1	中心线的平面位移		10mm	经纬仪或拉线和尺量检查
2	标高		±10mm	水准仪或水平仪、直尺、拉线和尺量检查
3	皮带轮轮宽中心平面偏移		1mm	在主、从动皮带轮端面拉线和尺量检查
4	传动轴水平度		纵向 0.2/1000 横向 0.3/1000	在轴或皮带轮 0°和180°的两个位置上，用水平仪检查
5	联轴器	两轴芯径向位移	0.05mm	在联轴器互相垂直的四个位置上，用百分表检查
		两轴线倾斜	0.2/1000	

2）现场组装的轴流风机叶片安装角度应一致，达到在同一平面内运转，叶轮与筒体之间的间隙应均匀，水平度允许偏差为1/1000；

3）安装隔振器的地面应平整，各组隔振器承受荷载的压缩量应均匀，高度误差应小于2mm；

4）安装风机的隔振钢支、吊架，其结构形式和外形尺寸应符合设计或设备技术文件的规定；焊接应牢固，焊缝应饱满、均匀。

检查数量：按总数抽查20%，不得少于1台。

检查方法：尺量、观察或检查施工记录。

（2）组合式空调机组及柜式空调机组的安装应符合下列规定：

1）组合式空调机组各功能段的组装，应符合设计规定的顺序和要求；各功能段之间的连接应严密，整体应平直；

2）机组与供回水管的连接应正确，机组下部冷凝水排放管的水封高度应符合设计要求；

3）机组应清扫干净，箱体内应无杂物、垃圾和积尘；

4）机组内空气过滤器（网）和空气热交换器翅片应清洁、完好。

检查数量：按总数抽查 20%，不得少于 1 台。

检查方法：观察检查。

（3）空气处理室的安装应符合下列规定：

1）金属空气处理室壁板及各段的组装位置应正确，表面平整，连接严密、牢固；

2）喷水段的本体及其检查门不得漏水，喷水管和喷嘴的排列、规格应符合设计的规定；

3）表面式换热器的散热面应保持清洁、完好。当用于冷却空气时，在下部应设有排水装置，冷凝水的引流管或槽应畅通，冷凝水不外溢；

4）表面式换热器与围护结构间的缝隙，以及表面式热交换器之间的缝隙，应封堵严密；

5）换热器与系统供回水管的连接应正确，且严密不漏。

检查数量：按总数抽查 20%，不得少于 1 台。

检查方法：观察检查。

（4）单元式空调机组的安装应符合下列规定：

1）分体式空调机组的室外机和风冷整体式空调机组的安装，固定应牢固、可靠；除应满足冷却风循环空间的要求外，还应符合环境卫生保护有关法规的规定；

2）分体式空调机组的室内机的位置应正确、并保持水平，冷凝水排放应畅通。管道穿墙处必须密封，不得有雨水渗入；

3）整体式空调机组管道的连接应严密、无渗漏，四周应留有相应的维修空间。

检查数量：按总数抽查 20%，不得少于 1 台。

检查方法：观察检查。

（5）除尘设备的安装应符合下列规定：

1）除尘器的安装位置应正确、牢固平稳，允许误差应符合表 2-5-2 的规定；

除尘器安装允许偏差和检验方法　　　　　表 2-5-2

项次	项　　目		允许偏差（mm）	检验方法
1	平面位移		≤10	用经纬仪或拉线、尺量检查
2	标高		±10	用水准仪、直尺、拉线和尺量检查
3	垂直度	每米	≤2	吊线和尺量检查
		总偏差	≤10	

2) 除尘器的活动或转动部件的动作应灵活、可靠，并应符合设计要求；

3) 除尘器的排灰阀、卸料阀、排泥阀的安装应严密，并便于操作与维护修理。

检查数量：按总数抽查 20%，不得少于 1 台。

检查方法：尺量、观察检查及检查施工记录。

（6）现场组装的静电除尘器的安装，还应符合设备技术文件及下列规定：

1) 阳极板组合后的阳极排平面度允许偏差为 5mm，其对角线允许偏差为 10mm；

2) 阴极小框架组合后主平面的平面度允许偏差为 5mm，其对角线允许偏差为 10mm；

3) 阴极大框架的整体平面度允许偏差为 15mm，整体对角线允许偏差为 10mm；

4) 阳极板高度不大于 7m 的电除尘器，阴、阳极间距允许偏差为 5mm。阳极板高度大于 7m 的电除尘器，阴、阳极间距允许偏差为 10mm；

5) 振打锤装置的固定，应可靠；振打锤的转动，应灵活。锤头方向应正确；振打锤头与振打砧之间应保持良好的线接触状态，接触长度应大于锤头厚度的 0.7 倍。

检查数量：按总数抽查 20%，不得少于 1 组。

检查方法：尺量、观察检查及检查施工记录。

（7）现场组装布袋除尘器的安装，还应符合下列规定：

1) 外壳应严密、不漏，布袋接口应牢固；

2) 分室反吹袋式除尘器的滤袋安装，必须平直。每条滤袋的拉紧力应保持在 25～35N/m；与滤袋连接接触的短管和袋帽，应无毛刺；

3) 机械回转扁袋式除尘器的旋臂，转动应灵活可靠，净气室上部的顶盖，应密封不漏气，旋转应灵活，无卡阻现象；

4) 脉冲袋式除尘器的喷吹孔，应对准文氏管的中心，同心度允许偏差为 2mm。

检查数量：按总数抽查 20%，不得少于 1 台。

检查方法：尺量、观察检查及检查施工记录。

(8) 洁净室空气净化设备的安装，应符合下列规定：

1) 带有通风机的气闸室、吹淋室与地面间应有隔振垫；

2) 机械式余压阀的安装，阀体、阀板的转轴均应水平，允许偏差为 2/1000。余压阀的安装位置应在室内气流的下风侧，并不应在工作面高度范围内；

3) 传递窗的安装，应牢固、垂直，与墙体的连接处应密封。

检查数量：按总数抽查 20%，不得少于 1 件。

检查方法：尺量、观察检查。

(9) 装配式洁净室的安装应符合下列规定：

1) 洁净室的顶板和壁板（包括夹芯材料）应为不燃材料；

2) 洁净室的地面应干燥、平整，平整度允许偏差为 1/1000；

3) 壁板的构配件和辅助材料的开箱，应在清洁的室内进行，安装前应严格检查其规格和质量。壁板应垂直安装，底部宜采用圆弧或钝角交接；安装后的壁板之间、壁板与顶板间的拼缝，应平整严密，墙板的垂直允许偏差为 2/1000，顶板水平度的允许偏差与每个单间的几何尺寸的允许偏差均为 2/1000；

4) 洁净室吊顶在受荷载后应保持平直，压条全部紧贴。洁净室壁板若为上、下槽形板时，其接头应平整、严密；组装完毕的洁净室所有拼接缝，包括与建筑的接缝，均应采取密封措施，做到不脱落，密封良好。

检查数量：按总数抽查 20%，不得少于 5 处。

检查方法：尺量、观察检查及检查施工记录。

（10）洁净层流罩的安装应符合下列规定：

1）应设独立的吊杆，并有防晃动的固定措施；

2）层流罩安装的水平度允许偏差为 1/1000，高度的允许偏差为 ±1mm；

3）层流罩安装在吊顶上，其四周与顶板之间应设有密封及隔振措施。

检查数量：按总数抽查 20%，且不得少于 5 件。

检查方法：尺量、观察检查及检查施工记录。

（11）风机过滤器单元（FFU、FMU）的安装应符合下列规定：

1）风机过滤器单元的高效过滤器安装前应按 2.5.2 中第（5）条的规定检漏，合格后进行安装，方向必须正确；安装后的 FFU 或 FMU 机组应便于检修；

2）安装后的 FFU 风机过滤器单元，应保持整体平整，与吊顶衔接良好。风机箱与过滤器之间的连接，过滤器单元与吊顶框架间应有可靠的密封措施。

检查数量：按总数抽查 20%，且不得少于 2 个。

检查方法：尺量、观察检查及检查施工记录。

（12）高效过滤器的安装应符合下列规定：

1）高效过滤器采用机械密封时，须采用密封垫料，其厚度为 6~8mm，并定位贴在过滤器边框上，安装后垫料的压缩应均匀，压缩率为 25%~50%；

2）采用液槽密封时，槽架安装应水平，不得有渗漏现象，槽内无污物和水分，槽内密封液高度宜为 2/3 槽深。密封液的熔点宜高于 50℃。

检查数量：按总数抽查 20%，且不得少于 5 个。

检查方法：尺量、观察检查。

（13）消声器的安装应符合下列规定：

1）消声器安装前应保持干净，做到无油污和浮尘；

2）消声器安装的位置、方向应正确，与风管的连接应严密，不得有损坏与受潮。两组同类型消声器不宜直接串联；

3）现场安装的组合式消声器，消声组件的排列、方向和位置应符合设计要求。单个消声器组件的固定应牢固；

4）消声器、消声弯管均应设独立支、吊架。

检查数量：整体安装的消声器，按总数抽查 10%，且不得少于 5 台。现场组装的消声器全数检查。

检查方法：手扳和观察检查、核对安装记录。

（14）空气过滤器的安装应符合下列规定：

1）安装平整、牢固，方向正确。过滤器与框架、框架与围护结构之间应严密无穿透缝；

2）框架式或粗效、中效袋式空气过滤器的安装，过滤器四周与框架应均匀压紧，无可见缝隙，并应便于拆卸和更换滤料；

3）卷绕式过滤器的安装，框架应平整、展开的滤料，应松紧适度、上下筒体应平行。

检查数量：按总数抽查 10%，且不得少于 1 台。

检查方法：观察检查。

（15）风机盘管机组的安装应符合下列规定：

1）机组安装前宜进行单机三速试运转及水压检漏试验。试验压力为系统工作压力的 1.5 倍，试验观察时间为 2min，不渗漏为合格；

2）机组应设独立支、吊架，安装的位置、高度及坡度应正确、固定牢固；

3）机组与风管、回风箱或风口的连接，应严密、可靠。

检查数量：按总数抽查 10%，且不得少于 1 台。

检查方法：观察检查、查阅检查试验记录。

（16）转轮式换热器安装的位置、转轮旋转方向及接管应正确，运转应平稳。

检查数量：按总数抽查 20%，且不得少于 1 台。

检查方法：观察检查。

（17）转轮去湿机安装应牢固，转轮及传动部件应灵活、可靠，方向正确；处理空气与再生空气接管应正确；排风水平管须保持一定的坡度，并坡向排出方向。

检查数量：按总数抽查 20%，且不得少于 1 台。

检查方法：观察检查。

（18）蒸汽加湿器的安装应设置独立支架，并固定牢固；接管尺寸正确、无渗漏。

检查数量：全数检查。

检查方法：观察检查。

（19）空气风幕机的安装，位置方向应正确、牢固可靠，纵向垂直度与横向水平度的偏差均不应大于 2/1000。

检查数量：按总数 10% 的比例抽查，且不得少于 1 台。

检查方法：观察检查。

（20）变风量末端装置的安装，应设单独支、吊架，与风管连接前宜做动作试验。

检查数量：按总数抽查 10%，且不得少于 1 台。

检查方法：观察检查、查阅检查试验记录。

2.6 空调制冷系统安装

2.6.1 一般规定

（1）适用于空调工程中工作压力不高于 2.5MPa，工作温度在 −20～150℃ 的整体式、组装式及单元式制冷设备（包括热泵）、制冷附属设备、其他配套设备和管路系统安装工程施工质量的检验和验收。

（2）制冷设备、制冷附属设备、管道、管件及阀门的型号、规格、性能及技术参数等必须符合设计要求。设备机组的外表应无损伤、密封应良好，随机文件和配件应齐全。

（3）与制冷机组配套的蒸汽、燃油、燃气供应系统和蓄冷系统的安装，还应符合设计文件、有关消防规范与产品技术文件的规定。

（4）空调用制冷设备的搬运和吊装，应符合产品技术文件和 2.5.1 中第（5）条的规定。

（5）制冷机组本体的安装、试验、试运转及验收还应符合现行国家标准《制冷设备、空气分离设备安装工程施工及验收规范》GB 50274 有关条文的规定。

2.6.2 主控项目

（1）制冷设备与制冷附属设备的安装应符合下列规定：

1）制冷设备、制冷附属设备的型号、规格和技术参数必须符合设计要求，并具有产品合格证书、产品性能检验报告；

2）设备的混凝土基础必须进行质量交接验收，合格后方可安装；

3）设备安装的位置、标高和管口方向必须符合设计要求。用地脚螺栓固定的制冷设备或制冷附属设备，其垫铁的放置位置应正确、接触紧密；螺栓必须拧紧，并有防松动措施。

检查数量：全数检查。

检查方法：查阅图纸核对设备型号、规格；产品质量合格证书和性能检验报告。

（2）直接膨胀表面式冷却器的外表应保持清洁、完整，空气与制冷剂应呈逆向流动；表面式冷却器与外壳四周的缝隙应堵严，冷凝水排放应畅通。

检查数量：全数检查。

检查方法：观察检查。

（3）燃油系统的设备与管道，以及储油罐及日用油箱的安装，位置和连接方法应符合设计与消防要求。

燃气系统设备的安装应符合设计和消防要求。调压装置、过滤器的安装和调节应符合设备技术文件的规定，且应可靠接地。

检查数量：全数检查。

检查方法：按图纸核对、观察、查阅接地测试记录。

（4）制冷设备的各项严密性试验和试运行的技术数据，均应符合设备技术文件的规定。对组装式的制冷机组和现场充注制冷剂的机组，必须进行吹污、气密性试验、真空试验和充注制冷剂检漏试验，其相应的技术数据必须符合产品技术文件和有关现行国家标准、规范的规定。

检查数量：全数检查。

检查方法：旁站观察、检查和查阅试运行记录。

（5）制冷系统管道、管件和阀门的安装应符合下列规定：

1）制冷系统的管道、管件和阀门的型号、材质及工作压力等必须符合设计要求，并应具有出厂合格证、质量证明书；

2）法兰、螺纹等处的密封材料应与管内的介质性能相适应；

3）制冷剂液体管不得向上装成"Ω"形。气体管道不得向下装成"ʊ"形（特殊回油管除外）；液体支管引出时，必须从干管底部或侧面接出；气体支管引出时，必须从干管顶部或侧面接出；有两根以上的支管从干管引出时，连接部位应错开，间距不应小于 2 倍支管直径，且不小于 200mm；

4）制冷机与附属设备之间制冷剂管道的连接，其坡度与坡向应符合设计及设备技术文件要求。当设计无规定时，应符合表2-6-1 的规定；

制冷剂管道坡度、坡向 表 2-6-1

管 道 名 称	坡 向	坡 度
压缩机吸气水平管（氟）	压缩机	≥10/1000
压缩机吸气水平管（氨）	蒸发器	≥3/1000
压缩机排气水平管	油分离器	≥10/1000
冷凝器水平供液管	贮液器	(1～3) /1000
油分离器至冷凝器水平管	油分离器	(3～5) /1000

5）制冷系统投入运行前，应对安全阀进行调试校核，其开启和回座压力应符合设备技术文件的要求。

检查数量：按总数抽检 20%，且不得少于 5 件。第 5 款全数检查。

检查方法：核查合格证明文件、观察、水平仪测量、查阅调校记录。

（6）燃油管道系统必须设置可靠的防静电接地装置，其管道法兰应采用镀锌螺栓连接或在法兰处用铜导线进行跨接，且接合良好。

检查数量：系统全数检查。

检查方法：观察检查、查阅试验记录。

（7）燃气系统管道与机组的连接不得使用非金属软管。燃气管道的吹扫和压力试验应为压缩空气或氮气，严禁用水。当燃气供气管道压力大于 0.005MPa 时，焊缝的无损检测的执行标准应按设计规定。当设计无规定，且采用超声波探伤时，应全数检测，以质量不低于Ⅱ级为合格。

检查数量：系统全数检查。

检查方法：观察检查、查阅探伤报告和试验记录。

（8）氨制冷剂系统管道、附件、阀门及填料不得采用铜或铜合金材料（磷青铜除外），管内不得镀锌。氨系统的管道焊缝应进行射线照相检验，抽检率为 10%，以质量不低于Ⅲ级为合格。在不易进行射线照相检验操作的场合，可用超声波检验代替，以不低于Ⅱ级为合格。

检查数量：系统全数检查。

检查方法：观察检查、查阅探伤报告和试验记录。

（9）输送乙二醇溶液的管道系统，不得使用内镀锌管道及配件。

检查数量：按系统的管段抽查 20%，且不得少于 5 件。

检查方法：观察检查、查阅安装记录。

（10）制冷管道系统应进行强度、气密性试验及真空试验，且必须合格。

检查数量：系统全数检查。

检查方法：旁站、观察检查和查阅试验记录。

2.6.3 一般项目

(1) 制冷机组与制冷附属设备的安装应符合下列规定：

1) 制冷设备及制冷附属设备安装位置、标高的允许偏差，应符合表 2-6-2 的规定；

制冷设备与制冷附属设备安装允许偏差和检验方法　　表 2-6-2

项次	项　目	允许偏差（mm）	检　验　方　法
1	平面位移	10	经纬仪或拉线和尺量检查
2	标　高	±10	水准仪或经纬仪、拉线和尺量检查

2) 整体安装的制冷机组，其机身纵、横向水平度的允许偏差为 1/1000，并应符合设备技术文件的规定；

3) 制冷附属设备安装的水平度或垂直度允许偏差为 1/1000，并应符合设备技术文件的规定；

4) 采用隔振措施的制冷设备或制冷附属设备，其隔振器安装位置应正确；各个隔振器的压缩量，应均匀一致，偏差不应大于 2mm；

5) 设置弹簧隔振的制冷机组，应设有防止机组运行时水平位移的定位装置。

检查数量：全数检查。

检查方法：在机座或指定的基准面上用水平仪、水准仪等检测、尺量与观察检查。

(2) 模块式冷水机组单元多台并联组合时，接口应牢固，且严密不漏。连接后机组的外表，应平整、完好，无明显的扭曲。

检查数量：全数检查。

检查方法：尺量、观察检查。

(3) 燃油系统油泵和蓄冷系统载冷剂泵的安装，纵、横向水平度允许偏差为 1/1000，联轴器两轴芯轴向倾斜允许偏差为 0.2/1000，径向位移为 0.05mm。

检查数量：全数检查。

检查方法：在机座或指定的基准面上，用水平仪、水准仪等检测，尺量、观察检查。

（4）制冷系统管道、管件的安装应符合下列规定：

1）管道、管件的内外壁应清洁、干燥；铜管管道支吊架的型式、位置、间距及管道安装标高应符合设计要求，连接制冷机的吸、排气管道应设单独支架；管径不大于 20mm 的铜管道，在阀门处应设置支架；管道上下平行敷设时，吸气管应在下方；

2）制冷剂管道弯管的弯曲半径不应小于 3.5D（管道直径），其最大外径与最小外径之差不应大于 0.08D，且不应使用焊接弯管及皱褶弯管；

3）制冷剂管道分支管应按介质流向弯成 90°弧度与主管连接，不宜使用弯曲半径小于 1.5D 的压制弯管；

4）铜管切口应平整、不得有毛刺、凹凸等缺陷，切口允许倾斜偏差为管径的 1%，管口翻边后应保持同心，不得有开裂及皱褶，并应有良好的密封面；

5）采用承插钎焊焊接连接的铜管，其插接深度应符合表 2-6-3 的规定，承插的扩口方向应迎介质流向。当采用套接钎焊焊接连接时，其插接深度应不小于承插连接的规定。

采用对接焊缝组对管道的内壁应齐平，错边量不大于 0.1 倍壁厚，且不大于 1mm。

承插式焊接的铜管承口的扩口深度表（mm）　　表 2-6-3

铜管规格	≤DN15	DN20	DN25	DN32	DN40	DN50	DN65
承插口的扩口深度	9～12	12～15	15～18	17～20	21～24	24～26	26～30

6）管道穿越墙体或楼板时，管道的支吊架和钢管的焊接应按 2.7 空调水系统管道与设备安装的有关规定执行。

检查数量：按系统抽查 20%，且不得少于 5 件。

检查方法：尺量、观察检查。

（5）制冷系统阀门的安装应符合下列规定：

1）制冷剂阀门安装前应进行强度和严密性试验。强度试验压力为阀门公称压力的 1.5 倍，时间不得少于 5min；严密性试验压力为阀门公称压力的 1.1 倍，持续时间 30s 不漏为合格。合格后应保持阀体内干燥。如阀门进、出口封闭破损或阀体锈蚀的还应进行解体清洗；

2) 位置、方向和高度应符合设计要求；

3) 水平管道上的阀门的手柄不应朝下；垂直管道上的阀门手柄应朝向便于操作的地方；

4) 自控阀门安装的位置应符合设计要求。电磁阀、调节阀、热力膨胀阀、升降式止回阀等的阀头均应向上；热力膨胀阀的安装位置应高于感温包，感温包应装在蒸发器末端的回气管上。

2.7 空调水系统管道与设备安装

2.7.1 一般规定

（1）适用于空调工程水系统安装子分部工程，包括冷（热）水、冷却水、凝结水系统的设备（不包括末端设备）、管道及附件施工质量的检验及验收。

（2）镀锌钢管应采用螺纹连接。当管径大于 DN100 时，可采用卡箍式、法兰或焊接连接，但应对焊缝及热影响区的表面进行防腐处理。

（3）空调用蒸汽管道的安装，应按现行国家标准《建筑给水、排水及采暖工程施工质量验收规范》GB 50242 的规定执行。

2.7.2 主控项目

（1）空调工程水系统的设备与附属设备、管道、管配件及阀门的型号、规格、材质及连接形式应符合设计规定。

检查数量：按总数抽查 10%，且不得少于 5 件。

检查方法：观察检查外观质量并检查产品质量证明文件、材料进场验收记录。

（2）管道安装应符合下列规定：

1) 隐蔽管道必须按 2.1 基本规定第（6）条的规定执行；

2) 焊接钢管、镀锌钢管不得采用热煨弯；

3) 管道与设备的连接，应在设备安装完毕后进行，与水泵、制冷机组的接管必须为柔性接口。柔性短管不得强行对口连接，与其连接的管道应设置独立支架；接触良好，绑扎紧密；

4) 安全阀应垂直安装在便于检修的位置，其排气管的出口应朝向安全地带，排液管应装在泄水管上。

检查数量：按系统抽查20%，且不得少于5件。

检查方法：尺量、观察检查、旁站或查阅试验记录。

5) 制冷系统的吹扫排污应采用压力为0.6MPa的干燥压缩空气或氮气，以浅色布检查5min，无污物为合格。系统吹扫干净后，应将系统中阀门的阀芯拆下清洗干净。

检查数量：全数检查。

检查方法：观察、旁站或查阅试验记录。

6) 冷热水及冷却水系统应在系统冲洗、排污合格（目测：以排出口的水色和透明度与入水口对比相近，无可见杂物），再循环试运行2h以上，且水质正常后才能与制冷机组、空调设备相贯通；

7) 固定在建筑结构上的管道支、吊架，不得影响结构的安全。管道穿越墙体或楼板处应设钢制套管，管道接口不得置于套管内，钢制套管应与墙体饰面或楼板底部平齐，上部应高出楼层地面20~50mm，并不得将套管作为管道支撑。

保温管道与套管四周间隙应使用不燃绝热材料填塞紧密。

检查数量：系统全数检查。每个系统管道、部件数量抽查10%，且不得少于5件。

检查方法：尺量、观察检查，旁站或查阅试验记录、隐蔽工程记录。

(3) 管道系统安装完毕，外观检查合格后，应按设计要求进行水压试验。当设计无规定时，应符合下列规定：

1) 冷热水、冷却水系统的试验压力，当工作压力小于等于1.0MPa时，为1.5倍工作压力，但最低不小于0.6MPa；当工作压力大于1.0MPa时，为工作压力加0.5MPa。

2) 对于大型或高层建筑垂直位差较大的冷（热）媒水、冷却水管道系统宜采用分区、分层试压和系统试压相结合的方法。一般建筑可采用系统试压方法。

分区、分层试压：对相对独立的局部区域的管道进行试压。在试验压力下，稳压 10min，压力不得下降，再将系统压力降至工作压力，在 60min 内压力不得下降、外观检查无渗漏为合格。

系统试压：在各分区管道与系统主、干管全部连通后，对整个系统的管道进行系统的试压。试验压力以最低点的压力为准，但最低点的压力不得超过管道与组成件的承受压力。压力试验升至试验压力后，稳压 10min，压力下降不得大于 0.02MPa，再将系统压力降至工作压力，外观检查无渗漏为合格。

3）各类耐压塑料管的强度试验压力为 1.5 倍工作压力，严密性工作压力为 1.15 倍的设计工作压力；

4）凝结水系统采用充水试验，应以不渗漏为合格。

检查数量：系统全数检查。

检查方法：旁站观察或查阅试验记录。

（4）阀门的安装应符合下列规定：

1）阀门的安装位置、高度、进出口方向必须符合设计要求，连接应牢固紧密；

2）安装在保温管道上的各类手动阀门，手柄均不得向下；

3）阀门安装前必须进行外观检查，阀门的铭牌应符合现行国家标准《通用阀门标志》GB 12220 的规定。对于工作压力大于1.0MPa 及在主干管上起到切断作用的阀门，应进行强度和严密性试验，合格后方准使用。其他阀门可不单独进行试验，待在系统试压中检验。

强度试验时，试验压力为公称压力的 1.5 倍，持续时间不少于 5min，阀门的壳体、填料应无渗漏。

严密性试验时，试验压力为公称压力的 1.1 倍；试验压力在试验持续的时间内应保持不变，时间应符合表 2-7-1 的规定，以阀瓣密封面无渗漏为合格。

公称直径 *DN*	最短试验持续时间（s）	
	严密性试验	
（mm）	金属密封	非金属密封
≤50	15	15
65～200	30	15
250～450	60	30
≥500	120	60

阀门压力持续时间　　表 2-7-1

检查数量：1）、2）款抽查 5%，且不得少于 1 个。水压试验以每批（同牌号、同规格、同型号）数量中抽查 20%，且不得少于 1 个。对于安装在主干管上起切断作用的闭路阀门，全数检查。

检查方法：按设计图核对、观察检查；旁站或查阅试验记录。

（5）补偿器的补偿量和安装位置必须符合设计及产品技术文件的要求，并应根据设计计算的补偿量进行预拉伸或预压缩。

设有补偿器（膨胀节）的管道应设置固定支架，其结构形式和固定位置应符合设计要求，并应在补偿器的预拉伸（或预压缩）前固定；导向支架的设置应符合所安装产品技术文件的要求。

检查数量：抽查 20%，且不得少于 1 个。

检查方法：观察检查，旁站或查阅补偿器的预拉伸或预压缩记录。

（6）冷却塔的型号、规格、技术参数必须符合设计要求。对含有易燃材料冷却塔的安装，必须严格执行施工防火安全的规定。

检查数量：全数检查。

检查方法：按图纸核对，监督执行防火规定。

（7）水泵的规格、型号、技术参数应符合设计要求和产品性能指标。水泵正常连续试运行的时间，不应少于 2h。

检查数量：全数检查。

检查方法：按图纸核对，实测或查阅水泵试运行记录。

（8）水箱、集水缸、分水缸、储冷罐的满水试验或水压试验必须符合设计要求。储冷罐内壁防腐涂层的材质、涂抹质量、厚度必须符合设计或产品技术文件要求，储冷罐与底座必须进行绝热处理。

检查数量：全数检查。

检查方法：尺量、观察检查，查阅试验记录。

2.7.3　一般项目

（1）当空调水系统的管道，采用建筑用硬聚氯乙烯（PVC-U）、聚丙烯（PP-R）、聚丁烯（PB）与交联聚乙烯（PEX）等有机材料管道时，其连接方法应符合设计和产品技术要求的规定。

检查数量：按总数抽查 20%，且不得少于 2 处。

检查方法：尺量、观察检查，验证产品合格证书和试验记录。

（2）金属管道的焊接应符合下列规定：

1）管道焊接材料的品种、规格、性能应符合设计要求。管道对接焊口的组对和坡口形式等应符合表 2-7-2 的规定；对口的平直度为 1/100，全长不大于 10mm。管道的固定焊口应远离设备，且不宜与设备接口中心线相重合。管道对接焊缝与支、吊架的距离应大于 50mm；

2）管道焊缝表面应清理干净，并进行外观质量的检查。焊缝外观质量不得低于现行国家标准《现场设备、工业管道焊接工程施工及验收规范》GB 50236 中第 11.3.3 条的Ⅳ级规定（氨管为Ⅲ级）。

检查数量：按总数抽查 20%，且不得少于 1 处。

检查方法：尺量、观察检查。

管道焊接坡口形式和尺寸

表 2-7-2

项次	厚度 T (mm)	坡口名称	坡口形式	坡口尺寸			备注
				间隙 C (mm)	钝边 P (mm)	坡口角度 α (°)	
1	1~3	I型坡口		0~1.5	—	—	内壁错边量≤0.1T，且≤2mm；外壁≤3mm
	3~6			1~2.5	—	—	
2	6~9	V型坡口		0~2.0	0~2	65~75	
	9~26			0~3.0	0~3	55~65	
3	2~30	T型坡口		0~2.0	—	—	

（3）螺纹连接的管道，螺纹应清洁、规整，断丝或缺丝不大于螺纹全扣数的 10%；连接牢固；接口处根部外露螺纹为 2~3 扣，无外露填料；镀锌管道的镀锌层应注意保护，对局部的破损处，应做防腐处理。

检查数量：按总数抽查 5%，且不得少于 5 处。

检查方法：尺量、观察检查。

（4）法兰连接的管道，法兰面应与管道中心线垂直，并同心。法兰对接应平行，其偏差不应大于其外径的 1.5/1000，且不得大于 2mm；连接螺栓长度应一致、螺母在同侧、均匀拧紧。螺栓紧固后不应低于螺母平面。法兰的衬垫规格、品种与厚度应符合设计的要求。

检查数量：按总数抽查 5%，且不得少于 5 处。

检查方法：尺量、观察检查。

(5) 钢制管道的安装应符合下列规定：

1) 管道和管件在安装前，应将其内、外壁的污物和锈蚀清除干净。当管道安装间断时，应及时封闭敞开的管口；

2) 管道弯制弯管的弯曲半径，热弯不应小于管道外径的3.5倍、冷弯不应小于4倍；焊接弯管不应小于1.5倍；冲压弯管不应小于1倍。弯管的最大外径与最小外径的差不应大于管道外径的8/100，管壁减薄率不应大于15%；

3) 冷凝水排水管坡度，应符合设计文件的规定。当设计无规定时，其坡度宜大于或等于8‰；软管连接的长度，不宜大于150mm；

4) 冷热水管道与支、吊架之间，应有绝热衬垫（承压强度能满足管道重量的不燃、难燃硬质绝热材料或经防腐处理的木衬垫），其厚度不应小于绝热层厚度，宽度应大于支、吊架支承面的宽度。衬垫的表面应平整、衬垫接合面的空隙应填实；

5) 管道安装的坐标、标高和纵、横向的弯曲度应符合表2-7-3的规定。在吊顶内等暗装管道的位置应正确，无明显偏差。

管道安装的允许偏差和检验方法　　　　表 2-7-3

项　　目			允许偏差（mm）	检查方法
坐标	架空及地沟	室外	25	按系统检查管道的起点、终点、分支点和变向点及各点之间的直管
		室内	15	
	埋　　地		60	
标高	架空及地沟	室外	±20	用经纬仪、水准仪、液体连通器、水平仪、拉线和尺量检查
		室内	±15	
	埋　　地		±25	
水平管道平直度		$DN \leqslant 100mm$	$2L‰$，最大 40	用直尺、拉线和尺量检查
		$DN > 100mm$	$3L‰$，最大 60	
立管垂直度			$5L‰$，最大 25	用直尺、线锤、拉线和尺量检查

项 目	允许偏差 （mm）	检 查 方 法
成排管段间距	15	用直尺尺量检查
成排管段或成排阀门 在同一平面上	3	用直尺、拉线和尺量检查

注：L——管道的有效长度（mm）。

检查数量：按总数抽查 10％，且不得少于 5 处。

检查方法：尺量、观察检查。

（6）钢塑复合管道的安装，当系统工作压力不大于 1.0MPa 时，可采用涂（衬）塑焊接钢管螺纹连接，与管道配件的连接深度和扭矩应符合表 2-7-4 的规定；当系统工作压力为 1.0～2.5MPa 时，可采用涂（衬）塑无缝钢管法兰连接或沟槽式连接，管道配件均为无缝钢管涂（衬）塑管件。

沟槽式连接的管道，其沟槽与橡胶密封圈和卡箍套必须为配套合格产品；支、吊架的间距应符合表 2-7-5 的规定。

钢塑复合管螺纹连接深度及紧固扭矩　　　　表 2-7-4

公称直径 （mm）		15	20	25	32	40	50	65	80	100
螺纹 连接	深度 （mm）	11	13	15	17	18	20	23	27	33
	牙数	6.0	6.5	7.0	7.5	8.0	9.0	10.0	11.5	13.5
扭矩（N·m）		40	60	100	120	150	200	250	300	400

沟槽式连接管道的沟槽及支、吊架的间距　　　　表 2-7-5

公称直径 （mm）	沟槽深度 （mm）	允许偏差 （mm）	支、吊架的 间距（m）	端面垂直度 允许偏差（mm）
65～100	2.20	0～+0.3	3.5	1.0
125～150	2.20	0～+0.3	4.2	
200	2.50	0～+0.3	4.2	
225～250	2.50	0～+0.3	5.0	1.5
300	3.0	0～+0.5	5.0	

注：1. 连接管端面应平整光滑、无毛刺；沟槽过深，应作为废品，不得使用。
　　2. 支、吊架不得支承在连接头上，水平管的任意两个连接头之间必须有支、吊架。

检查数量：按总数抽查 10%，且不得少于 5 处。

检查方法：尺量、观察检查、查阅产品合格证明文件。

(7) 风机盘管机组及其他空调设备与管道的连接，宜采用弹性接管或软接管（金属或非金属软管），其耐压值应不小于 1.5 倍的工作压力。软管的连接应牢固、不应有强扭和瘪管。

检查数量：按总数抽查 10%，且不得少于 5 处。

检查方法：观察、查阅产品合格证明文件。

(8) 金属管道的支、吊架的型式、位置、间距、标高应符合设计或有关技术标准的要求。设计无规定时，应符合下列规定：

1) 支、吊架的安装应平整牢固，与管道接触紧密。管道与设备连接处，应设独立支、吊架；

2) 冷（热）媒水、冷却水系统管道机房内总、干管的支、吊架，应采用承重防晃管架；与设备连接的管道管架宜有减振措施。当水平支管的管架采用单杆吊架时，应在管道起始点、阀门、三通、弯头及长度每隔 15m 设置承重防晃支、吊架；

3) 无热位移的管道吊架，其吊杆应垂直安装；有热位移的，其吊杆应向热膨胀（或冷收缩）的反方向偏移安装，偏移量按计算确定；

4) 滑动支架的滑动面应清洁、平整，其安装位置应从支承面中心向位移反方向偏移 1/2 位移值或符合设计文件规定；

5) 竖井内的立管，每隔 2~3 层应设导向支架。在建筑结构负重允许的情况下，水平安装管道支、吊架的间距应符合表 2-7-6的规定；

6) 管道支、吊架的焊接应由合格持证焊工施焊，并不得有漏焊、欠焊或焊接裂纹等缺陷。支架与管道焊接时，管道侧的咬边量，应小于 0.1 管壁厚。

检查数量：按系统支架数量抽查 5%，且不得少于 5 个。

检查方法：尺量、观察检查。

公称直径 （mm）		15	20	25	32	40	50	70	80	100	125	150	200	250	300
支架的 最大 间距 （m）	L_1	1.5	2.0	2.5	2.5	3.0	3.5	4.0	5.0	5.0	5.5	6.5	7.5	8.5	9.5
	L_2	2.5	3.0	3.5	4.0	4.5	5.0	6.0	6.5	6.5	7.5	7.5	9.0	9.5	10.5
		对大于300mm的管道可参考300mm管道													

注：1. 适用于工作压力不大于 2.0MPa，不保温或保温材料密度不大于 200kg/m³ 的管道系统。
   2. L_1 用于保温管道，L_2 用于不保温管道。

（9）采用建筑用硬聚氯乙烯（PVC-U）、聚丙烯（PP-R）与交联聚乙烯（PEX）等管道时，管道与金属支、吊架之间应有隔绝措施，不可直接接触。当为热水管道时，还应加宽其接触的面积。支、吊架的间距应符合设计和产品技术要求的规定。

检查数量：按系统支架数量抽查 5%，且不得少于 5 个。

检查方法：观察检查。

（10）阀门、集气罐、自动排气装置、除污器（水过滤器）等管道部件的安装应符合设计要求，并应符合下列规定：

1）阀门安装的位置、进出口方向应正确，并便于操作；连接应牢固紧密，启闭灵活；成排阀门的排列应整齐美观，在同一平面上的允许偏差为 3mm；

2）电动、气动等自控阀门在安装前应进行单体的调试，包括开启、关闭等动作试验；

3）冷冻水和冷却水的除污器（水过滤器）应安装在进机组前的管道上，方向正确且便于清污；与管道连接牢固、严密，其安装位置应便于滤网的拆装和清洗。过滤器滤网的材质、规格和包扎方法应符合设计要求；

4）闭式系统管路应在系统最高处及所有可能积聚空气的高点设置排气阀，在管路最低点应设置排水管及排水阀。

检查数量：按规格、型号抽查 10%，且不得少于 2 个。

检查方法：对照设计文件尺量、观察和操作检查。

（11）冷却塔安装应符合下列规定：

1）基础标高应符合设计的规定，允许误差为＋20mm。冷却塔地脚螺栓与预埋件的连接或固定应牢固，各连接部件应采用热镀锌或不锈钢螺栓，其紧固力应一致、均匀；

2）冷却塔安装应水平，单台冷却塔安装水平度和垂直度允许偏差均为2/1000。同一冷却水系统的多台冷却塔安装时，各台冷却塔的水面高度应一致，高差不应大于30mm；

3）冷却塔的出水口及喷嘴的方向和位置应正确，积水盘应严密无渗漏；分水器布水均匀。带转动布水器的冷却塔，其转动部分应灵活，喷水出口按设计或产品要求，方向应一致；

4）冷却塔风机叶片端部与塔体四周的径向间隙应均匀。对于可调整角度的叶片，角度应一致。

检查数量：全数检查。

检查方法：尺量、观察检查，积水盘做充水试验或查阅试验记录。

（12）水泵及附属设备的安装应符合下列规定：

1）水泵的平面位置和标高允许偏差为±10mm，安装的地脚螺栓应垂直、拧紧，且与设备底座接触紧密；

2）垫铁组放置位置正确、平稳，接触紧密，每组不超过3块；

3）整体安装的泵，纵向水平偏差不应大于0.1/1000，横向水平偏差不应大于0.20/1000；解体安装的泵纵、横向安装水平偏差均不应大于0.05/1000；

水泵与电机采用联轴器连接时，联轴器两轴芯的允许偏差，轴向倾斜不应大于0.2/1000，径向位移不应大于0.05mm；

小型整体安装的管道水泵不应有明显偏斜。

4）减震器与水泵及水泵基础连接牢固、平稳、接触紧密。

检查数量：全数检查。

检查方法：扳手试拧、观察检查，用水平仪和塞尺测量或查阅设备安装记录。

（13）水箱、集水器、分水器、储冷罐等设备的安装，支架或底座的尺寸、位置符合设计要求。设备与支架或底座接触紧密，安装平正、牢固。平面位置允许偏差为 15mm，标高允许偏差为±5mm，垂直度允许偏差为 1/1000。

膨胀水箱安装的位置及接管的连接，应符合设计文件的要求。

检查数量：全数检查。

检查方法：尺量、观察检查，旁站或查阅试验记录。

2.8 防腐与绝热

2.8.1 一般规定

（1）风管与部件及空调设备绝热工程施工应在风管系统严密性检验合格后进行。

（2）空调工程的制冷系统管道，包括制冷剂和空调水系统绝热工程的施工，应在管路系统强度与严密性检验合格和防腐处理结束后进行。

（3）普通薄钢板在制作风管前，宜预涂防锈漆一遍。

（4）支、吊架的防腐处理应与风管或管道相一致，其明装部分必须涂面漆。

（5）明装部分的最后一遍色漆，宜在安装完毕后进行。

2.8.2 主控项目

（1）风管和管道的绝热，应采用不燃或难燃材料，其材质、密度、规格与厚度应符合设计要求。如采用难燃材料时，应对其难燃性进行检查，合格后方可使用。

检查数量：按批随机抽查 1 件。

检查方法：观察检查、检查材料合格证，并做点燃试验。

（2）防腐涂料和油漆，必须是在有效保质期限内的合格产品。

检查数量：按批检查。

检查方法：观察、检查材料合格证。

（3）在下列场合必须使用不燃绝热材料：

1）电加热器前后 800mm 的风管和绝热层；

2）穿越防火隔墙两侧 2m 范围内风管、管道和绝热层。

检查数量：全数检查。

检查方法：观察、检查材料合格证与做点燃试验。

（4）输送介质温度低于周围空气露点温度的管道，当采用非闭孔性绝热材料时，隔汽层（防潮层）必须完整，且封闭良好。

检查数量：按数量抽查 10%，且不得少于 5 段。

检查方法：观察检查。

（5）位于洁净室内的风管及管道的绝热，不应采用易产尘的材料（如玻璃纤维、短纤维矿棉等）。

检查数量：全数检查。

检查方法：观察检查。

2.8.3 一般项目

（1）喷、涂油漆的漆膜，应均匀、无堆积、皱纹、气泡、掺杂、混色与漏涂等缺陷。

检查数量：按面积抽查 10%。

检查方法：观察检查。

（2）各类空调设备、部件的油漆喷、涂，不得遮盖铭牌标志和影响部件的功能使用。

检查数量：按数量抽查 10%，且不得少于 2 个。

检查方法：观察检查。

（3）风管系统部件的绝热，不得影响其操作功能。

检查数量：按数量抽查 10%，且不得少于 2 个。

检查方法：观察检查。

（4）绝热材料层应密实，无裂缝、空隙等缺陷。表面应平整，当采用卷材或板材时，允许偏差为 5mm；采用涂抹或其他方式时，允许偏差为 10mm。防潮层（包括绝热层的端部）应完整，且封闭良好；其搭接缝应顺水。

检查数量：管道按轴线长度抽查 10%；部件、阀门抽查

10%，且不得少于2个。

检查方法：观察检查、用钢丝刺入保温层、尺量。

（5）风管绝热层采用粘结方法固定时，施工应符合下列规定：

1）胶粘剂的性能应符合使用温度和环境卫生的要求，并与绝热材料相匹配；

2）粘结材料宜均匀地涂在风管、部件或设备的外表面上，绝热材料与风管、部件及设备表面应紧密贴合，无空隙；

3）绝热层纵、横向的接缝，应错开；

4）绝热层粘贴后，如进行包扎或捆扎，包扎的搭接处应均匀、贴紧；捆扎的应松紧适度，不得损坏绝热层。

检查数量：按数量抽查10%。

检查方法：观察检查和检查材料合格证。

（6）风管绝热层采用保温钉连接固定时，应符合下列规定：

1）保温钉与风管、部件及设备表面的连接，可采用粘接或焊接，结合应牢固，不得脱落；焊接后应保持风管的平整，并不应影响镀锌钢板的防腐性能；

2）矩形风管或设备保温钉的分布应均匀，其数量底面每平方米不应少于16个，侧面不应少于10个，顶面不应少于8个。首行保温钉至风管或保温材料边沿的距离应小于120mm；

3）风管法兰部位的绝热层的厚度，不应低于风管绝热层的0.8倍；

4）带有防潮隔汽层绝热材料的拼缝处，应用粘胶带封严。粘胶带的宽度不应小于50mm。粘胶带应牢固地粘贴在防潮面层上，不得有胀裂和脱落。

检查数量：按数量抽查10%，且不得少于5处。

检查方法：观察检查。

（7）绝热涂料作绝热层时，应分层涂抹，厚度均匀，不得有气泡和漏涂等缺陷，表面固化层应光滑，牢固无缝隙。

检查数量：按数量抽查10%。

检查方法：观察检查。

（8）当采用玻璃纤维布作绝热保护层时，搭接的宽度应均匀，宜为 30～50mm，且松紧适度。

检查数量：按数量抽查 10%，且不得少于 10m²。

检查方法：尺量、观察检查。

（9）管道阀门、过滤器及法兰部位的绝热结构应能单独拆卸。

检查数量：按数量抽查 10%，且不得少于 5 个。

检查方法：观察检查。

（10）管道绝热层的施工，应符合下列规定：

1）绝热产品的材质和规格，应符合设计要求，管壳的粘贴应牢固、铺设应平整；绑扎应紧密，无滑动、松弛与断裂现象；

2）硬质或半硬质绝热管壳的拼接缝隙，保温时不应大于 5mm、保冷时不应大于 2mm，并用粘结材料勾缝填满；纵缝应错开，外层的水平接缝应设在侧下方。当绝热层的厚度大于 100mm 时，应分层铺设，层间应压缝；

3）硬质或半硬质绝热管壳应用金属丝或难腐织带捆扎，其间距为 300～350mm，且每节至少捆扎 2 道；

4）松散或软质绝热材料应按规定的密度压缩其体积，疏密应均匀。毡类材料在管道上包扎时，搭接处不应有空隙。

检查数量：按数量抽查 10%，且不得少于 10 段。

检查方法：尺量、观察检查及查阅施工记录。

（11）管道防潮层的施工应符合下列规定：

1）防潮层应紧密粘贴在绝热层上，封闭良好，不得有虚粘、气泡、褶皱、裂缝等缺陷；

2）立管的防潮层，应由管道的低端向高端敷设，环向搭接的缝口应朝向低端；纵向的搭接缝应位于管道的侧面，并顺水；

3）卷材防潮层采用螺旋形缠绕的方式施工时，卷材的搭接宽度宜为 30～50mm。

检查数量：按数量抽查 10%，且不得少于 10m。

126

检查方法：尺量、观察检查。

（12）金属保护壳的施工，应符合下列规定：

1）应紧贴绝热层，不得有脱壳、褶皱、强行接口等现象。接口的搭接应顺水，并有凸筋加强，搭接尺寸为 20～25mm。采用自攻螺丝固定时，螺钉间距应匀称，并不得刺破防潮层。

2）户外金属保护壳的纵、横向接缝，应顺水；其纵向接缝应位于管道的侧面。金属保护壳与外墙面或屋顶的交接处应加设泛水。

检查数量：按数量抽查 10%。

检查方法：观察检查。

（13）冷热源机房内制冷系统管道的外表面，应做色标。

检查数量：按数量抽查 10%。

检查方法：观察检查。

2.9 系统调试

2.9.1 一般规定

（1）系统调试所使用的测试仪器和仪表，性能应稳定可靠，其精度等级及最小分度值应能满足测定的要求，并应符合国家有关计量法规及检定规程的规定。

（2）通风与空调工程的系统调试，应由施工单位负责、监理单位监督，设计单位与建设单位参与和配合。系统调试的实施可以是施工企业本身或委托给具有调试能力的其他单位。

（3）系统调试前，承包单位应编制调试方案，报送专业监理工程师审核批准；调试结束后，必须提供完整的调试资料和报告。

（4）通风与空调工程系统无生产负荷的联合试运转及调试，应在制冷设备和通风与空调设备单机试运转合格后进行。空调系统带冷（热）源的正常联合试运转不应少于 8h，当竣工季节与设计条件相差较大时，仅做不带冷（热）源试运转。通风、除尘系统的连续试运转不应少于 2h。

（5）净化空调系统运行前应在回风、新风的吸入口处和粗、中效过滤器前设置临时用过滤器（如无纺布等），实行对系统的保护。净化空调系统的检测和调整，应在系统进行全面清扫，且已运行24h及以上达到稳定后进行。

洁净室洁净度的检测，应在空态或静态下进行或按合约规定。室内洁净度检测时，人员不宜多于3人，均必须穿与洁净室洁净度等级相适应的洁净工作服。

2.9.2　主控项目

（1）通风与空调工程安装完毕，必须进行系统的测定和调整（简称调试）。系统调试应包括下列项目：

1）设备单机试运转及调试；

2）系统无生产负荷下的联合试运转及调试。

检查数量：全数。

检查方法：观察、旁站、查阅调试记录。

（2）设备单机试运转及调试应符合下列规定：

1）通风机、空调机组中的风机，叶轮旋转方向正确、运转平稳、无异常振动与声响，其电机运行功率应符合设备技术文件的规定。在额定转速下连续运转2h后，滑动轴承外壳最高温度不得超过70℃；滚动轴承不得超过80℃；

2）水泵叶轮旋转方向正确，无异常振动和声响，紧固连接部位无松动，其电机运行功率值符合设备技术文件的规定。水泵连续运转2h后，滑动轴承外壳最高温度不得超过70℃；滚动轴承不得超过75℃；

3）冷却塔本体应稳固、无异常振动，其噪声应符合设备技术文件的规定。风机试运转按本条第1款的规定；

冷却塔风机与冷却水系统循环试运行不少于2h，运行应无异常情况；

4）制冷机组、单元式空调机组的试运转，应符合设备技术文件和现行国家标准《制冷设备、空气分离设备安装工程施工及验收规范》GB 50274的有关规定，正常运转不应少于8h；

5）电控防火、防排烟风阀（口）的手动、电动操作应灵活、可靠，信号输出正确。

检查数量：第1）款按风机数量抽查10%，且不得少于1台；第2）、3）、4）款全数检查；第5）款按系统中风阀的数量抽查20%，且不得少于5件。

检查方法：观察、旁站、用声级计测定、查阅试运转记录及有关文件。

（3）系统无生产负荷的联合试运转及调试应符合下列规定：

1）系统总风量调试结果与设计风量的偏差不应大于10%；

2）空调冷热水、冷却水总流量测试结果与设计流量的偏差不应大于10%；

3）舒适空调的温度、相对湿度应符合设计的要求。恒温、恒湿房间室内空气温度、相对湿度及波动范围应符合设计规定。

检查数量：按风管系统数量抽查10%，且不得少于1个系统。

检查方法：观察、旁站、查阅调试记录。

（4）防排烟系统联合试运行与调试的结果（风量及正压），必须符合设计与消防的规定。

检查数量：按总数抽查10%，且不得少于2个楼层。

检查方法：观察、旁站、查阅调试记录。

（5）净化空调系统还应符合下列规定：

1）单向流洁净室系统的系统总风量调试结果与设计风量的允许偏差为0~20%，室内各风口风量与设计风量的允许偏差为15%。

新风量与设计新风量的允许偏差为10%。

2）单向流洁净室系统的室内截面平均风速的允许偏差为0~20%，且截面风速不均匀度不应大于0.25。

新风量和设计新风量的允许偏差为10%。

3）相邻不同级别洁净室之间和洁净室与非洁净室之间的静压差不应小于5Pa，洁净室与室外的静压差不应小于10Pa；

4）室内空气洁净度等级必须符合设计规定的等级或在商定验收状态下的等级要求。

高于等于 5 级的单向流洁净室，在门开启的状态下，测定距离门 0.6m 室内侧工作高度处空气的含尘浓度，亦不应超过室内洁净度等级上限的规定。

检查数量：调试记录全数检查，测点抽查 5%，且不得少于 1 点。

检查方法：检查、验证调试记录，按本附录 B 进行测试校核。

2.9.3 一般项目

（1）设备单机试运转及调试应符合下列规定：

1）水泵运行时不应有异常振动和声响、壳体密封处不得渗漏、紧固连接部位不应松动、轴封的温升应正常；在无特殊要求的情况下，普通填料泄漏量不应大于 60mL/h，机械密封的不应大于 5mL/h；

2）风机、空调机组、风冷热泵等设备运行时，产生的噪声不宜超过产品性能说明书的规定值；

3）风机盘管机组的三速、温控开关的动作应正确，并与机组运行状态一一对应。

检查数量：第 1）、2）款抽查 20%，且不得少于 1 台；第 3）款抽查 10%，且不得少于 5 台。

检查方法：观察、旁站、查阅试运转记录。

（2）通风工程系统无生产负荷联动试运转及调试应符合下列规定：

1）系统联动试运转中，设备及主要部件的联动必须符合设计要求，动作协调、正确，无异常现象；

2）系统经过平衡调整，各风口或吸风罩的风量与设计风量的允许偏差不应大于 15%；

3）湿式除尘器的供水与排水系统运行应正常。

（3）空调工程系统无生产负荷联动试运转及调试还应符合下

列规定：

1）空调工程水系统应冲洗干净、不含杂物，并排除管道系统中的空气；系统连续运行应达到正常、平稳；水泵的压力和水泵电机的电流不应出现大幅波动。系统平衡调整后，各空调机组的水流量应符合设计要求，允许偏差为 20%；

2）各种自动计量检测元件和执行机构的工作应正常，满足建筑设备自动化（BA、FA 等）系统对被测定参数进行检测和控制的要求；

3）多台冷却塔并联运行时，各冷却塔的进、出水量应达到均衡一致；

4）空调室内噪声应符合设计规定要求；

5）有压差要求的房间、厅堂与其他相邻房间之间的压差，舒适性空调正压为 0~25Pa；工艺性的空调应符合设计的规定；

6）有环境噪声要求的场所，制冷、空调机组应按现行国家标准《采暖通风与空气调节设备噪声声功率级的测定——工程法》GB 9068 的规定进行测定。洁净室内的噪声应符合设计的规定。

检查数量：按系统数量抽查 10%，且不得少于 1 个系统或 1 间。

检查方法：观察、用仪表测量检查及查阅调试记录。

（4）通风与空调工程的控制和监测设备，应能与系统的检测元件和执行机构正常沟通，系统的状态参数应能正确显示，设备联锁、自动调节、自动保护应能正确动作。

检查数量：按系统或监测系统总数抽查 30%，且不得少于 1 个系统。

检查方法：旁站观察，查阅调试记录。

2.10　竣工验收

（1）通风与空调工程的竣工验收，是在工程施工质量得到有效监控的前提下，施工单位通过整个分部工程的无生产负荷系统联合试运转与调试和观感质量的检查，按本规范要求将质量合格的分部工程移交建设单位的验收过程。

（2）通风与空调工程的竣工验收，应由建设单位负责，组织施工、设计、监理等单位共同进行，合格后即应办理竣工验收手续。

（3）通风与空调工程竣工验收时，应检查竣工验收的资料，一般包括下列文件及记录：

1）图纸会审记录、设计变更通知书和竣工图；

2）主要材料、设备、成品、半成品和仪表的出厂合格证明及进场检（试）验报告；

3）隐蔽工程检查验收记录；

4）工程设备、风管系统、管道系统安装及检验记录；

5）管道试验记录；

6）设备单机试运转记录；

7）系统无生产负荷联合试运转与调试记录；

8）分部（子分部）工程质量验收记录；

9）观感质量综合检查记录；

10）安全和功能检验资料的核查记录。

（4）观感质量检查应包括以下项目：

1）风管表面应平整、无损坏；接管合理，风管的连接以及风管与设备或调节装置的连接，无明显缺陷；

2）风口表面应平整，颜色一致，安装位置正确，风口可调节部件应能正常动作；

3）各类调节装置的制作和安装应正确牢固，调节灵活，操作方便。防火及排烟阀等关闭严密，动作可靠；

4）制冷及水管系统的管道、阀门及仪表安装位置正确，系统无渗漏；

5）风管、部件及管道的支、吊架型式、位置及间距应符合本规范要求；

6）风管、管道的软性接管位置应符合设计要求，接管正确、牢固，自然无强扭；

7）通风机、制冷机、水泵、风机盘管机组的安装应正确牢固；

8）组合式空气调节机组外表平整光滑、接缝严密、组装顺序正确，喷水室外表面无渗漏；

9）除尘器、积尘室安装应牢固、接口严密；

10）消声器安装方向正确，外表面应平整无损坏；

11）风管、部件、管道及支架的油漆应附着牢固，漆膜厚度均匀，油漆颜色与标志符合设计要求；

12）绝热层的材质、厚度应符合设计要求；表面平整、无断裂和脱落；室外防潮层或保护壳应顺水搭接、无渗漏。

检查数量：风管、管道各按系统抽查 10％，且不得少于 1 个系统。各类部件、阀门及仪表抽检 5％，且不得少于 10 件。

检查方法：尺量、观察检查。

（5）净化空调系统的观感质量检查还应包括下列项目：

1）空调机组、风机、净化空调机组、风机过滤器单元和空气吹淋室等的安装位置应正确、固定牢固、连接严密，其偏差应符合本章有关条文的规定；

2）高效过滤器与风管、风管与设备的连接处应有可靠密封；

3）净化空调机组、静压箱、风管及送回风口清洁无积尘；

4）装配式洁净室的内墙面、吊顶和地面应光滑、平整、色泽均匀、不起灰尘，地板静电值应低于设计规定；

5）送回风口、各类末端装置以及各类管道等与洁净室内表面的连接处密封处理应可靠、严密。

检查数量：按数量抽查 20％，且不得少于 1 个。

检查方法：尺量、观察检查。

2.11　综合效能的测定与调整

（1）通风与空调工程交工前，应进行系统生产负荷的综合效能试验的测定与调整。

（2）通风与空调工程带生产负荷的综合效能试验与调整，应在已具备生产试运行的条件下进行，由建设单位负责，设计、施工单位配合。

（3）通风、空调系统带生产负荷的综合效能试验测定与调整的项目，应由建设单位根据工程性质、工艺和设计的要求进行确定。

（4）通风、除尘系统综合效能试验可包括下列项目：

1）室内空气中含尘浓度或有害气体浓度与排放浓度的测定；

2）吸气罩罩口气流特性的测定；

3）除尘器阻力和除尘效率的测定；

4）空气油烟、酸雾过滤装置净化效率的测定。

（5）空调系统综合效能试验可包括下列项目：

1）送回风口空气状态参数的测定与调整；

2）空气调节机组性能参数的测定与调整；

3）室内噪声的测定；

4）室内空气温度和相对湿度的测定与调整；

5）对气流有特殊要求的空调区域做气流速度的测定。

（6）恒温恒湿空调系统除应包括空调系统综合效能试验项目外，尚可增加下列项目：

1）室内静压的测定和调整；

2）空调机组各功能段性能的测定和调整；

3）室内温度、相对湿度场的测定和调整；

4）室内气流组织的测定。

（7）净化空调系统除应包括恒温恒湿空调系统综合效能试验项目外，尚可增加下列项目：

1）生产负荷状态下室内空气洁净度等级的测定；

2）室内浮游菌和沉降菌的测定；

3）室内自净时间的测定；

4）空气洁净度高于 5 级的洁净室，除应进行净化空调系统综合效能试验项目外，尚应增加设备泄漏控制、防止污染扩散等特定项目的测定；

5）洁净度等级高于等于 5 级的洁净室，可进行单向气流流线平行度的检测，在工作区内气流流向偏离规定方向的角度不大于 15°。

（8）防排烟系统综合效能试验的测定项目，为模拟状态下安全区正压变化测定及烟雾扩散试验等。

（9）净化空调系统的综合效能检测单位和检测状态，宜由建设、设计和施工单位三方协商确定。

附录 A 漏光法检测与漏风量测试

附 A.1 漏光法检测

1. 漏光法检测是利用光线对小孔的强穿透力，对系统风管严密程度进行检测的方法。

2. 检测应采用具有一定强度的安全光源。手持移动光源可采用不低于 100W 带保护罩的低压照明灯，或其他低压光源。

3. 系统风管漏光检测时，光源可置于风管内侧或外侧，但其相对侧应为暗黑环境。检测光源应沿着被检测接口部位与接缝作缓慢移动，在另一侧进行观察，当发现有光线射出，则说明查到明显漏风处，并应做好记录。

4. 对系统风管的检测，宜采用分段检测、汇总分析的方法。在严格安装质量管理的基础上，系统风管的检测以总管和干管为主。当采用漏光法检测系统的严密性时，低压系统风管以每 10m 接缝，漏光点不大于 2 处，且 100m 接缝平均不大于 16 处为合格；中压系统风管每 10m 接缝，漏光点不大于 1 处，且 100m 接缝平均不大于 8 处为合格。

5. 漏光检测中对发现的条缝形漏光，应作密封处理。

附 A.2 测 试 装 置

1. 漏风量测试应采用经检验合格的专用测量仪器，或采用符合现行国家标准《流量测量节流装置》规定的计量元件搭设的测量装置。

2. 漏风量测试装置可采用风管式或风室式。风管式测试装置采用孔板做计量元件；风室式测试装置采用喷嘴做计量元件。

3. 漏风量测试装置的风机，其风压和风量应选择分别大于被测定系统或设备的规定试验压力及最大允许漏风量的 1.2 倍。

4. 漏风量测试装置试验压力的调节，可采用调整风机转速的方法，也可采用控制节流装置开度的方法。漏风量值必须在系统经调整后，保持稳压的条件下测得。

5. 漏风量测试装置的压差测定应采用微压计，其最小读数分格不应大于 2.0Pa。

6. 风管式漏风量测试装置：

（1）风管式漏风量测试装置由风机、连接风管、测压仪器、整流栅、节流器和标准孔板等组成（附图 A-1）。

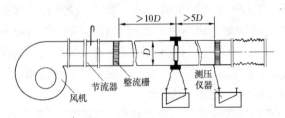

附图 A-1　正压风管式漏风量测试装置

（2）本装置采用角接取压的标准孔板。孔板 β 值范围为 $0.22 \sim 0.7$（$\beta = d/D$）；孔板至前、后整流栅及整流栅外直管段距离，应分别符合大于 10 倍和 5 倍圆管直径 D 的规定。

（3）本装置的连接风管均为光滑圆管。孔板至上游 $2D$ 范围内其圆度允许偏差为 0.3%；下游为 2%。

（4）孔板与风管连接，其前端与管道轴线垂直度允许偏差为 $1°$；孔板与风管同心度允许偏差为 $0.015D$。

（5）在第一整流栅后，所有连接部分应该严密不漏。

（6）用下列公式计算漏风量：

$$Q = 3600\varepsilon \cdot \alpha \cdot A_n \sqrt{\frac{2}{\rho}} \Delta P \qquad \text{(A-1)}$$

式中　Q——漏风量（m^3/h）；

　　　ε——空气流束膨胀系数；

　　　α——孔板的流量系数；

　　　A_n——孔板开口面积（m^2）；

　　　ρ——空气密度（kg/m^3）；

　　　ΔP——孔板差压（Pa）。

（7）孔板的流量系数与 β 值的关系根据附图 A-2 确定，其适用范围应满足下列条件，在此范围内，不计管道粗糙度对流量系数的影响。

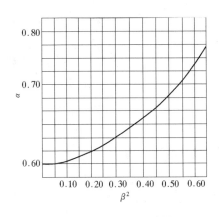

附图 A-2　孔板流量系数图

$10^5 < Re < 2.0 \times 10^6$

$0.05 < \beta^2 \leqslant 0.49$

$50mm < D \leqslant 1000mm$

雷诺数小于 10^5 时，则应按现行国家标准《流量测量节流装置》求得流量系数 α。

（8）孔板的空气流束膨胀系数 ε 值可根据附表 A-1 查得。

采用角接取压标准孔板流束

β^4 \ P_2/P_1	1.0	0.98	0.96	0.94	0.92	0.90	0.85	0.80	0.75
0.08	1.0000	0.9930	0.9866	0.9803	0.9742	0.9681	0.9531	0.9381	0.9232
0.1	1.0000	0.9924	0.9854	0.9787	0.9720	0.9654	0.9491	0.9328	0.9166
0.2	1.0000	0.9918	0.9843	0.9770	0.9698	0.9627	0.9450	0.9275	0.9100
0.3	1.0000	0.9912	0.9831	0.9753	0.9676	0.9599	0.9410	0.9222	0.9034

膨胀系数 ε 值（$k＝1.4$） 附表 A-1

注：1. 本表允许内插，不允许外延；

2. P_2/P_1 为孔板后与孔板前的全压值之比。

（9）当测试系统或设备负压条件下的漏风量时，装置连接应符合附图 A-3 的规定。

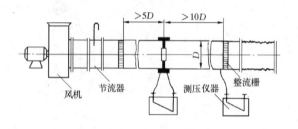

附图 A-3　负压风管式漏风量测试装置

7. 风室式漏风量测试装置：

（1）风室式漏风量测试装置由风机、连接风管、测压仪器、均流板、节流器、风室、隔板和喷嘴等组成，如附图 A-4 所示。

（2）测试装置采用标准长颈喷嘴（附图 A-5）。喷嘴必须按附图 A-4 的要求安装在隔板上，数量可为单个或多个。两个喷嘴之间的中心距离不得小于较大喷嘴喉部直径的 3 倍；任一喷嘴中心到风室最近侧壁的距离不得小于其喷嘴喉部直径的 1.5 倍。

（3）风室的断面面积不应小于被测定风量按断面平均速度小于 0.75m/s 时的断面积。风室内均流板（多孔板）安装位置应符合附图 A-4 的规定。

（4）风室中喷嘴两端的静压取压接口，应为多个且均布于四

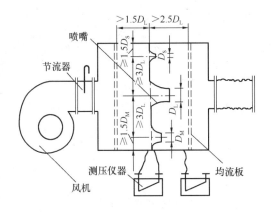

附图 A-4　正压风室式漏风量测试装置

D_S—小号喷嘴直径；D_M—中号喷嘴直径；

D_L—大号喷嘴直径

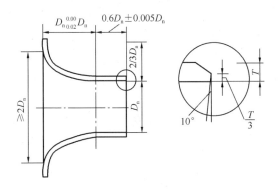

附图 A-5　标准长颈喷嘴

壁。静压取压接口至喷嘴隔板的距离不得大于最小喷嘴喉部直径的 1.5 倍。然后，并联成静压环，再与测压仪器相接。

（5）采用本装置测定漏风量时，通过喷嘴喉部的流速应控制在 15～35m/s 范围内。

（6）本装置要求风室中喷嘴隔板后的所有连接部分应严密不漏。

（7）用下列公式计算单个喷嘴风量：

$$Q_n = 3600 C_d \cdot A_d \sqrt{\frac{2}{\rho} \Delta P} \qquad \text{(A-2)}$$

多个喷嘴风量： $$Q = \sum Q_n \qquad \text{(A-3)}$$

式中　Q_n——单个喷嘴漏风量（m^3/h）；

C_d——喷嘴的流量系数（直径 127mm 以上取 0.99，小于

127mm 可按附表 A-2 或附图 A-6 查取）；

A_d——喷嘴的喉部面积（m^2）；

ΔP——喷嘴前后的静压差（Pa）。

喷嘴流量系数表　　　　　　　　　　　附表 **A-2**

Re	流量系数 C_d	Re	流量系数 C_d	Re	流量系数 C_d	Re	流量系数 C_d
12000	0.950	40000	0.973	80000	0.983	200000	0.991
16000	0.956	50000	0.977	90000	0.984	250000	0.993
20000	0.961	60000	0.979	100000	0.985	300000	0.994
30000	0.969	70000	0.981	150000	0.989	350000	0.994

注：不计温度系数。

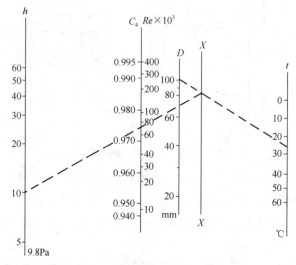

附图 A-6　喷嘴流量系数推算图
注：先用直径与温度标尺在指数标尺（X）上求点，再将指数
与压力标尺点相连，可求取流量系数值。

（8）当测试系统或设备负压条件下的漏风量时，装置连接应符合附图 A-7 的规定。

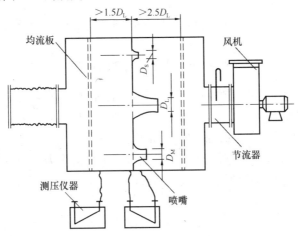

附图 A-7　负压风室式漏风量测试装置

附 A.3　漏风量测试

1. 正压或负压系统风管与设备的漏风量测试，分正压试验和负压试验两类。一般可采用正压条件下的测试来检验。

2. 系统漏风量测试可以整体或分段进行。测试时，被测系统的所有开口均应封闭，不应漏风。

3. 被测系统的漏风量超过设计和本规范的规定时，应查出漏风部位（可用听、摸、观察、水或烟检漏），做好标记；修补完工后，重新测试，直至合格。

4. 漏风量测定值一般应为规定测试压力下的实测数值。特殊条件下，也可用相近或大于规定压力下的测试代替，其漏风量可按下式换算：

$$Q_0 = Q\ (P_0/P)^{0.65} \qquad (A-4)$$

式中　P_0——规定试验压力，500Pa；

　　　Q_0——规定试验压力下的漏风量$[\mathrm{m^3/(h \cdot m^2)}]$；

P——风管工作压力（Pa）；

Q——工作压力下的漏风量 $[m^3/(h \cdot m^2)]$。

附录 B 洁净室测试方法

附 B.1 风量或风速的检测

1. 对于单向流洁净室，采用室截面平均风速和截面积乘积的方法确定送风量。离高效过滤器 0.3m，垂直于气流的截面作为采样测试截面，截面上测点间距不宜大于 0.6m，测点数不应少于 5 个，以所有测点风速读数的算术平均值作为平均风速。

2. 对于非单向流洁净室，采用风口法或风管法确定送风量，做法如下：

（1）风口法是在安装有高效过滤器的风口处，根据风口形状连接辅助风管进行测量。即用镀锌钢板或其他不产尘材料做成与风口形状及内截面相同，长度等于 2 倍风口长边长的直管段，连接于风口外部。在辅助风管出口平面上，按最少测点数不少于 6 点均匀布置，使用热球式风速仪测定各测点之风速。然后，以求取的风口截面平均风速乘以风口净截面积求取测定风量。

（2）对于风口上风侧有较长的支管段，且已经或可以钻孔时，可以用风管法确定风量。测量断面应位于不小于局部阻力部件前 3 倍管径或长边长，局部阻力部件后 5 倍管径或长边长的部位。

对于矩形风管，是将测定截面分割成若干个相等的小截面。每个小截面尽可能接近正方形，边长不应大于 200mm，测点应位于小截面中心，但整个截面上的测点数不宜少于 3 个。

对于圆形风管，应根据管径大小，将截面划分成若干个面积相同的同心圆环，每个圆环测 4 点。根据管径确定圆环数量，不宜少于 3 个。

附 B.2 静压差的检测

1. 静压差的测定应在所有的门关闭的条件下，由高压向低压，由平面布置上与外界最远的里间房间开始，依次向外测定。

2. 采用的微差压力计，其灵敏度不应低于 2.0Pa。

3. 有孔洞相通的不同等级相邻的洁净室，其洞口处应有合理的气流流向。洞口的平均风速大于等于 0.2m/s 时，可用热球风速仪检测。

附 B.3　空气过滤器泄漏测试

1. 高效过滤器的检漏，应使用采样速率大于 1L/min 的光学粒子计数器。D 类高效过滤器宜使用激光粒子计数器或凝结核计数器。

2. 采用粒子计数器检漏高效过滤器，其上风侧应引入均匀浓度的大气尘或含其他气溶胶尘的空气。对不小于 $0.5\mu m$ 尘粒，浓度应不小于 $3.5\times10^{5}\,pc/m^{3}$；或对不小于 $0.1\mu m$ 尘粒，浓度应不小于 $3.5\times10^{7}\,pc/m^{3}$；若检测 D 类高效过滤器，对大于或等于 $0.1\mu m$ 尘粒，浓度应不小于 $3.5\times10^{9}\,pc/m^{3}$。

3. 高效过滤器的检测采用扫描法，即在过滤器下风侧用粒子计数器的等动力采样头，放在距离被检部位表面 20～30mm 处，以 5～20mm/s 的速度，对过滤器的表面、边框和封头胶处进行移动扫描检查。

4. 泄漏率的检测应在接近设计风速的条件下进行。将受检高效过滤器下风侧测得的泄漏浓度换算成透过率，高效过滤器不得大于出厂合格透过率的 2 倍；D 类高效过滤器不得大于出厂合格透过率的 3 倍。

5. 在移动扫描检测工程中，应对计数突然递增的部位进行定点检验。

附 B.4　室内空气洁净度等级的检测

1. 空气洁净度等级的检测应在设计指定的占用状态（空态、静态、动态）下进行。

2. 检测仪器的选用：应使用采样速率大于 1L/min 的光学粒

子计数器，在仪器选用时应考虑粒径鉴别能力，粒子浓度适用范围和计数效率。仪表应有有效的标定合格证书。

3. 采样点的规定：

（1）最低限度的采样点数 N_L，见附表 B-1；

最低限度的采样点数 N_L 表　　　　　　　　　**附表 B-1**

测点数 N_L	2	3	4	5	6	7	8	9	10
洁净区面积 A（m²）	2.1～6.0	6.1～12.0	12.1～20.0	20.1～30.0	30.1～42.0	42.1～56.0	56.1～72.0	72.1～90.0	90.1～110.0

注：1. 在水平单向流时，面积 A 为与气流方向呈垂直的流动空气截面的面积；

　　2. 最低限度的采样点数 N_L 按公式 $N_L = A^{0.5}$ 计算（四舍五入取整数）。

（2）采样点应均匀分布于整个面积内，并位于工作区的高度（距地坪 0.8m 的水平面），或设计单位、业主特指的位置。

4. 采样量的确定：

（1）每次采样的最少采样量见附表 B-2；

每次采样的最少采样量 V_S（L）表　　　　　　**附表 B-2**

洁净度等级	粒　径（μm）					
	0.1	0.2	0.3	0.5	1.0	5.0
1	2000	8400	—	—	—	—
2	200	840	1960	5680	—	—
3	20	84	196	568	2400	—
4	2	8	20	57	240	—
5	2	2	2	6	24	680
6	2	2	2	2	2	68
7	—	—	—	2	2	7
8	—	—	—	2	2	2
9	—	—	—	2	2	2

（2）每个采样点的最少采样时间为 1min，采样量至少为 2L；

（3）每个洁净室（区）最少采样次数为 3 次。当洁净区仅有一个采样点时，则在该点至少采样 3 次；

（4）对预期空气洁净度等级达到 4 级或更洁净的环境，采样量很大，可采用 ISO 14644—1 附录 F 规定的顺序采样法。

144

5. 检测采样的规定：

（1）采样时采样口处的气流速度，应尽可能接近室内的设计气流速度；

（2）对单向流洁净室，其粒子计数器的采样管口应迎着气流方向；对于非单向流洁净室，采样管口宜向上；

（3）采样管必须干净，连接处不得有渗漏。采样管的长度应根据允许长度确定，如果无规定时，不宜大于1.5m；

（4）室内的测定人员必须穿洁净工作服，且不宜超过3名，并应远离或位于采样点的下风侧静止不动或微动。

6. 记录数据评价。空气洁净度测试中，当全室（区）测点为2~9点时，必须计算每个采样点的平均粒子浓度C_i值、全部采样点的平均粒子浓度N及其标准差，导出95%置信上限值；采样点超过9点时，可采用算术平均值N作为置信上限值。

（1）每个采样点的平均粒子浓度C_i应小于或等于洁净度等级规定的限值，见附表B-3。

洁净度等级及悬浮粒子浓度限值　　　　　　　　附表 B-3

洁净度等级	大于或等于表中粒径 D 的最大浓度 C_n（pc/m³）					
	$0.1\mu m$	$0.2\mu m$	$0.3\mu m$	$0.5\mu m$	$1.0\mu m$	$5.0\mu m$
1	10	2	—	—	—	—
2	100	24	10	4	—	—
3	1000	237	102	35	8	—
4	10000	2370	1020	352	83	—
5	100000	23700	10200	3520	832	29
6	1000000	237000	102000	35200	8320	293
7	—	—	—	352000	83200	2930
8	—	—	—	3520000	832000	29300
9	—	—	—	35200000	8320000	293000

注：1. 本表仅表示了整数值的洁净度等级（N）悬浮粒子最大浓度的限值。

2. 对于非整数洁净度等级，其对应于粒子粒径 D（μm）的最大浓度限值（C_n），应按下列公式计算求取。

$$C_n = 10^N \times \left(\frac{0.1}{D}\right)^{2.08}$$

3. 洁净度等级定级的粒径范围为0.1~5.0μm，用于定级的粒径数不应大于3个，且其粒径的顺序级差不应小于1.5倍。

（2）全部采样点的平均粒子浓度 N 的 95％置信上限值，应小于或等于洁净度等级规定的限值。即：

$$(N+t \times s/\sqrt{n}) \leqslant \text{级别规定的限值} \qquad (\text{B-1})$$

式中　N——室内各测点平均含尘浓度，$N=\sum C_i/n$；

　　　n——测点数；

　　　s——室内各测点平均含尘浓度 N 的标准差：$s=\sqrt{\dfrac{(C_i-N)^2}{n-1}}$；

　　　t——置信度上限为 95％时，单侧 t 分布的系数，见附表 B-4。

t 系数　　　　　　　　　　　　　　附表 B-4

点数	2	3	4	5	6	7～9
t	6.3	2.9	2.4	2.1	2.0	1.9

7. 每次测试应做记录，并提交性能合格或不合格的测试报告。测试报告应包括以下内容：

（1）测试机构的名称、地址；

（2）测试日期和测试者签名；

（3）执行标准的编号及标准实施日期；

（4）被测试的洁净室或洁净区的地址、采样点的特定编号及坐标图；

（5）被测洁净室或洁净区的空气洁净度等级、被测粒径（或沉降菌、浮游菌）、被测洁净室所处的状态、气流流型和静压差；

（6）测量用的仪器的编号和标定证书；测试方法细则及测试中的特殊情况；

（7）测试结果包括在全部采样点坐标图上注明所测的粒子浓度（或沉降菌、浮游菌的菌落数）；

（8）对异常测试值进行说明及数据处理。

附 B.5　室内浮游菌和沉降菌的检测

1. 微生物检测方法有空气悬浮微生物法和沉降微生物法两

种，采样后的基片（或平皿）经过恒温箱内37℃、48h的培养生成菌落后进行计数。使用的采样器皿和培养液必须进行消毒灭菌处理。采样点可均匀布置或取代表性地域布置。

2. 悬浮微生物法应采用离心式、狭缝式和针孔式等碰击式采样器，采样时间应根据空气中微生物浓度来决定，采样点数可与测定空气洁净度测点数相同。各种采样器应按仪器说明书规定的方法使用。

沉降微生物法，应采用直径为90mm培养皿，在采样点上沉降30min后进行采样，培养皿最少采样数应符合附表B-5的规定。

最少培养皿数 附表 B-5

空气洁净度级别	培养皿数
<5	44
5	14
6	5
≥7	2

3. 制药厂洁净室（包括生物洁净室）室内浮游菌和沉降菌测试，也可采用按协议确定的采样方案。

4. 用培养皿测定沉降菌，用碰撞式采样器或过滤采样器测定浮游菌，还应遵守以下规定：

（1）采样装置采样前的准备及采样后的处理，均应在设有高效空气过滤器排风的负压实验室进行操作，该实验室的温度应为22±2℃;相对湿度应为50%±10%;

（2）采样仪器应消毒灭菌;

（3）采样器选择应审核其精度和效率，并有合格证书;

（4）采样装置的排气不应污染洁净室;

（5）沉降皿个数及采样点、培养基及培养温度、培养时间应按有关规范的规定执行;

（6）浮游菌采样器的采样率宜大于100L/min;

（7）碰撞培养基的空气速度应小于20m/s。

附 B.6　室内空气温度和相对湿度的检测

1. 根据温度和相对湿度波动范围，应选择相应的具有足够精度的仪表进行测定。每次测定间隔不应大于 30min。

2. 室内测点布置：

（1）送回风口处；

（2）恒温工作区具有代表性的地点（如沿着工艺设备周围布置或等距离布置）；

（3）没有恒温要求的洁净室中心；

（4）测点一般应布置在距外墙表面大于 0.5m，离地面 0.8m 的同一高度上；也可以根据恒温区的大小，分别布置在离地不同高度的几个平面上。

3. 测点数应符合附表 B-6 的规定。

温、湿度测点数　　　　　　　　　　　　附表 B-6

波动范围	室面积≤50m²	每增加 20～50m²
$\Delta t=\pm 0.5\sim\pm 2℃$	5 个	增加 3～5 个
$\Delta RH=\pm 5\%\sim\pm 10\%$		
$\Delta t\leqslant\pm 0.5℃$	点间距不应大于 2m，	
$\Delta RH\leqslant\pm 5\%$	点数不应少于 5 个	

4. 有恒温恒湿要求的洁净室。室温波动范围按各测点的各次温度中偏差控制点温度的最大值，占测点总数的百分比整理成累积统计曲线。如 90％以上测点偏差值在室温波动范围内，为符合设计要求。反之，为不合格。

区域温度以各测点中最低的一次测试温度为基准，各测点平均温度与超偏差值的点数，占测点总数的百分比整理成累计统计曲线，90％以上测点所达到的偏差值为区域温差，应符合设计要求。相对温度波动范围可按室温波动范围的规定执行。

附 B.7　单向流洁净室截面平均速度，
速度不均匀度的检测

1. 洁净室垂直单向流和非单向流应选择距墙或围护结构内表

面大于 0.5m，离地面高度 0.5~1.5m 作为工作区。水平单向流以距送风墙或围护结构内表面 0.5m 处的纵断面为第一工作面。

2. 测定截面的测点数和测定仪器应符合附表 B-6 的规定。

3. 测定风速应用测定架固定风速仪，以避免人体干扰。不得不用手持风速仪测定时，手臂应伸至最长位置，尽量使人体远离测头。

4. 室内气流流形的测定，宜采用发烟或悬挂丝线的方法，进行观察测量与记录。然后，标在记录的送风平面的气流流形图上。一般每台过滤器至少对应 1 个观察点。

风速的不均匀度 β_0 按下列公式计算，一般 β_0 值不应大于 0.25。

$$\beta_0 = \frac{s}{v} \tag{B-2}$$

式中　v——各测点风速的平均值；

　　　s——标准差。

附 B.8　室内噪声的检测

1. 测噪声仪器应采用带倍频程分析的声级计。

2. 测点布置应按洁净室面积均分，每 50m² 设一点。测点位于其中心，距地面 1.1~1.5m 高度处或按工艺要求设定。

附录 C　工程质量验收记录用表

附 C.1　通风与空调工程施工质量验收记录说明

1. 通风与空调分部工程的检验批质量验收记录由施工项目本专业质量检查员填写，监理工程师（建设单位项目专业技术负责人）组织项目专业质量检查员等进行验收，并按各个分项工程的检验批质量验收表的要求记录。

2. 通风与空调分部工程的分项工程质量验收记录由监理工程师（建设单位项目专业技术负责人）组织施工项目经理和有关专业设计负责人等进行验收，并按附表 C-1 记录。

3. 通风与空调分部（子分部）工程的质量验收记录由总监理工程师（建设单位项目专业技术负责人）组织项目专业质量检查员等进行验收，并按附表 C-19～C-25 或附表 C-26 记录。

附 C.2　通风与空调工程施工质量检验批质量验收记录

1. 风管与配件制作检验批质量验收记录见附表 C-1、C-2。

2. 风管部件与消声器制作检验批质量验收记录见附表 C-3。

3. 风管系统安装检验批质量验收记录见附表 C-4、C-5、C-6。

4. 通风机安装检验批质量验收记录见附表 C-7。

5. 通风与空调设备安装检验批质量验收记录见附表C-8、C-9、C-10。

6. 空调制冷系统安装检验批质量验收记录见附表 C-11。

7. 空调水系统安装检验批质量验收记录见附表 C-12、C-13、C-14。

8. 防腐与绝热施工检验批质量验收记录见附表 C-15、C-16。

9. 工程系统调试检验批质量验收记录见附表 C-17。

附 C.3　通风与空调分部工程的分项工程质量验收记录

通风与空调分部工程的分项工程质量验收记录见附表 C-18。

附 C.4　通风与空调分部（子分部）工程的质量验收记录

1. 通风与空调各子分部工程的质量验收记录按下列规定：

送、排风系统子分部工程见附表 C-19。

防、排烟系统子分部工程见附表 C-20。

除尘通风系统子分部工程见附表 C-21。

空调风管系统子分部工程见附表 C-22。

净化空调系统子分部工程见附表 C-23。

制冷系统子分部工程见附表 C-24。

空调水系统子分部工程见附表 C-25。

2. 通风与空调分部（子分部）工程的质量验收记录见附表C-26。

风管与配件制作检验批质量验收记录

（金属风管）

工程名称		分部工程名称		验收部位	
施工单位			专业工长	项目经理	
施工执行标准 名称及编号					
分包单位			分包项目 经理	施工班 组长	
	质量验收规范的规定		施工单位检查 评定记录	监理(建设)单位 验收记录	
2.2.2 主控 项目	1 材质种类、性能及厚度 （表 2-2-3～表 2-2-5）				
	2 防火风管［第(3)条］				
	3 风管强度及严密性工艺 性检测［第(5)条］				
	4 风管的连接［第(6)条］				
	5 风管的加固［第(10)条］				
	6 矩形弯管导流片［第(12) 条］				
	7 净化空调风管［第(13) 条］				

	质量验收规范的规定	施工单位检查评定记录	监理(建设)单位验收记录
2.2.3 一般项目	1 圆形弯管制作[第(1)条第1)款]		
	2 风管的外形尺寸[第(1)条第2)、3)款]		
	3 焊接风管[第(1)条第4)款]		
	4 法兰风管制作[第(2)条]		
	5 铝板或不锈钢板风管[第(2)条第4)款]		
	6 无法兰矩形风管制作[第(3)条]		
	7 无法兰圆形风管制作[第(3)条]		
	8 风管的加固[第(4)条]		
	9 净化空调风管[第(11)条]		

施工单位检查结果评定	项目专业质量检查员: 年 月 日
监理(建设)单位验收结论	监理工程师: (建设单位项目专业技术负责人) 年 月 日

152

风管与配件制作检验批质量验收记录
（非金属、复合材料风管）
附表 C-2

工程名称		分部工程名称		验收部位	
施工单位			专业工长	项目经理	
施工执行标准 名称及编号					
分包单位			分包项目 经理	施工班 组长	

	质量验收规范的规定	施工单位检查 评定记录	监理（建设） 单位验收记录
2.2.2 主控 项目	1 材质种类、性能及厚度[第(2)条]		
	2 复合材料风管的材料[第(4)条]		
	3 风管强度及严密性工艺性检测[第(5)条]		
	4 风管的连接[第(6)、(7)条]		
	5 复合材料风管的连接[第(8)条]		
	6 砖、混凝土风道的变形缝[第(9)条]		
	7 风管的加固[第(11)条]		
	8 矩形弯管导流片[第(12)条]		
	9 净化空调风管[第(13)条]		

续表

	质量验收规范的规定	施工单位检查 评定记录	监理(建设)单位 验收记录
2.2.3 一般 项目	1 风管的外形尺寸[第 (1)条]		
	2 硬聚氯乙烯风管[第 (5)条]		
	3 有机玻璃钢风管[第 (6)条]		
	4 无机玻璃钢风管[第 (7)条]		
	5 砖、混凝土风道[第 (8)条]		
	6 双面铝箔绝热板风管 [第(9)条]		
	7 铝箔玻璃纤维板风管 [第(10)条]		
	8 净化空调风管[第(11) 条]		

施工单位检查 结果评定	项目专业质量检查员： 年 月 日
监理(建设)单 位验收结论	监理工程师： (建设单位项目专业技术负责人) 年 月 日

154

风管部件与消声器制作检验批质量验收记录 附表 C-3

工程名称		分部工程名称		验收部位	
施工单位			专业工长	项目经理	
施工执行标准 名称及编号					
分包单位			分包项目 经理	施工班 组长	

	质量验收规范的规定			施工单位检查 评定记录	监理(建设)单位 验收记录
2.3.2 主控 项目	1 一般风阀[第(1)条]				
	2 电动风阀[第(2)条]				
	3 防火阀、排烟阀(口) [第(3)条]				
	4 防爆风阀[第(4)条]				
	5 净化空调系统风阀[第 (5)条]				
	6 特殊风阀[第(6)条]				
	7 防排烟柔性短管[第 (7)条]				
	8 消声弯管、消声器[第 (8)条]				

	质量验收规范的规定		施工单位检查 评定记录	监理(建设)单位 验收记录
2.3.3 一般 项目	1 调节风阀[第(1)条]			
	2 止回风阀[第(2)条]			
	3 插板风阀[第(3)条]			
	4 三通调节阀[第(4)条]			
	5 风量平衡阀[第(5)条]			
	6 风罩[第(6)条]			
	7 风帽[第(7)条]			
	8 矩形弯管导流片[第 (8)条]			
	9 柔性短管[第(9)条]			
	10 消声器[第(10)条]			
	11 检查门[第(11)条]			
	12 风口[第(12)条]			
施工单位检查 结果评定	项目专业质量检查员: 年 月 日			
监理(建设)单 位验收结论	监理工程师: (建设单位项目专业技术负责人) 年 月 日			

风管系统安装检验批质量验收记录

（送、排风，排烟系统）

工程名称		分部工程名称		验收部位	
施工单位			专业工长	项目经理	
施工执行标准 名称及编号					
分包单位			分包项目 经理	施工班 组长	

	质量验收规范的规定		施工单位检查 评定记录	监理(建设)单位 验收记录
2.4.2 主控 项目	1 风管穿越防火、防爆 墙[第(1)条]			
	2 风管内严禁其他管线 穿越[第(2)条]			
	3 室外立管的固定拉索 [第(2)条第3)款]			
	4 高于80℃风管系统[第 (3)条]			
	5 风阀的安装[第(4)条]			
	6 手动密闭阀安装[第 (9)条]			
	7 风管严密性检验[第 (8)条]			

		质量验收规范的规定		施工单位检查评定记录	监理(建设)单位验收记录
2.4.3 一般项目		1 风管系统的安装[第(1)条]			
		2 无法兰风管系统的安装[第(2)条]			
		3 风管安装的水平、垂直质量[第(3)条]			
		4 风管的支、吊架[第(4)条]			
		5 铝板、不锈钢板风管安装[第(1)条第(8)款]			
		6 非金属风管的安装[第(5)条]			
		7 风阀的安装[第(8)条]			
		8 风帽的安装[第(9)条]			
		9 吸、排风罩的安装[第(10)条]			
		10 风口的安装[第(11)条]			
施工单位检查结果评定		项目专业质量检查员: 年 月 日			
监理(建设)单位验收结论		监理工程师: (建设单位项目专业技术负责人) 年 月 日			

风管系统安装检验批质量验收记录

（空调系统）

附表 C-5

工程名称		分部工程名称		验收部位	
施工单位			专业工长	项目经理	
施工执行标准 名称及编号					
分包单位		分包项目 经理		施工班 组长	

	质量验收规范的规定		施工单位检查 评定记录	监理(建设)单位 验收记录
2.4.2 主控 项目	1 风管穿越防火、防爆墙[第(1)条]			
	2 风管内严禁其他管线穿越[第(2)条]			
	3 室外立管的固定拉索[第(2)条第3)款]			
	4 高于80℃风管系统[第(3)条]			
	5 风阀的安装[第(4)条]			
	6 手动密闭阀安装[第(9)条]			
	7 风管严密性检验[第(8)条]			

	质量验收规范的规定		施工单位检查评定记录	监理(建设)单位验收记录
2.4.3 一般 项目	1 风管系统的安装[第(1)条]			
	2 无法兰风管系统的安装[第(2)条]			
	3 风管安装的水平、垂直质量[第(3)条]			
	4 风管的支、吊架[第(4)条]			
	5 铝板、不锈钢板风管安装[第(1)条第8)款]			
	6 非金属风管的安装[第(5)条]			
	7 复合材料风管安装[第(6)条]			
	8 风阀的安装[第(8)条]			
	9 风口的安装[第(11)条]			
	10 变风量末端装置安装[13.5.2中第(20)条]			
施工单位检查结果评定		项目专业质量检查员：		年 月 日
监理(建设)单位验收结论		监理工程师：(建设单位项目专业技术负责人)		年 月 日

160

风管系统安装检验批质量验收记录

附表 C-6

(净化空调系统)

工程名称		分部工程名称			验收部位	
施工单位			专业工长		项目经理	
施工执行标准 名称及编号						
分包单位			分包项目 经理		施工班组长	

	质量验收规范 的规定		施工单位检查 评定记录	监理(建设) 单位验收记录
2.4.2 主控 项目	1 风管穿越防火、防爆 墙[第(1)条]			
	2 风管内严禁其他管线 穿越[第(2)条]			
	3 室外立管的固定拉索 [第(2)条第3)款]			
	4 高于80℃风管系统 [第(3)条]			
	5 风阀的安装 [第(4)条]			
	6 手动密闭阀安装 [第(5)条]			
	7 净化风管安装 [第(6)条]			
	8 真空吸尘系统安装 [第(7)条]			
	9 风管严密性检验 [第(8)条]			

161

2.4.3 一般项目	1 风管系统的安装 [第(1)条]			
	2 无法兰风管系统的安装[第(2)条]			
	3 风管安装的水平、垂直质量[第(3)条]			
	4 风管的支、吊架 [第(4)条]			
	5 铝板、不锈钢板风管安装[第(1)条第 8)款]			
	6 非金属风管的安装 [第(5)条]			
	7 复合材料风管安装 [第(6)条]			
	8 风阀的安装 [第(8)条]			
	9 净化空调风口的安装 [第(12)条]			
	10 真空吸尘系统安装 [第(7)条]			
	11 风口的安装 [第(12)条]			
施工单位检查 结果评定		项目专业质量检查员： 年 月 日		
监理(建设)单 位验收结论		监理工程师： (建设单位项目专业技术负责人) 年 月 日		

通风机安装检验批质量验收记录

工程名称		分部工程名称		验收部位	
施工单位			专业工长		项目经理	
施工执行标准 名称及编号					
分包单位		分包项目 经理		施工班组长	

	质量验收规范的规定		施工单位检查评定记录	监理(建设) 单位验收记录
2.5.2 主控 项目	1 通风机的安装 ［第(1)条］			
	2 通风机安全措施 ［第(2)条］			

2.5.3 一般项目	1 离心风机的安装 ［第(1)条第1)款］			
	2 轴流风机的安装 ［第(1)条第2)款］			
	3 风机的隔振支架 ［第(1)条第3)、4)款］			

施工单位检查 结果评定	
	项目专业质量检查员：　　年　月　日
监理(建设)单 位验收结论	
	监理工程师： (建设单位项目专业技术负责人)　　年　月　日

164

通风与空调设备安装检验
批质量验收记录
（通风系统）

附表 C-8

工程名称		分部工程名称		验收部位	
施工单位		专业工长		项目经理	
施工执行标准名称及编号					
分包单位		分包项目经理		施工班组长	

	质量验收规范的规定		施工单位检查评定记录	监理（建设）单位验收记录
2.5.2 主控项目	1 通风机的安装〔第(1)条〕			
	2 通风机安全措施〔第(2)条〕			
	3 除尘器的安装〔第(4)条〕			
	4 布袋与静电除尘器的接地〔第(4)条第3款〕			
	5 静电空气过滤器安装〔第(7)条〕			
	6 电加热器的安装〔第(8)条〕			
	7 过滤吸收器的安装〔第(10)条〕			

2.5.3 一般项目	1 通风机的安装 [第(1)条]		
	2 除尘设备的安装 [第(5)条]		
	3 现场组装静电除尘器的安装[第(6)条]		
	4 现场组装布袋除尘器的安装[第(7)条]		
	5 消声器的安装[第(13)条]		
	6 空气过滤器的安装 [第(14)条]		
	7 蒸汽加湿器的安装 [第(18)条]		
	8 空气风幕机的安装 [第(19)条]		

施工单位检查结果评定	
	项目专业质量检查员： 年 月 日

监理(建设)单位验收结论	
	监理工程师： (建设单位项目专业技术负责人) 年 月 日

通风与空调设备安装检验批质量验收记录 附表 C-9

（空调系统）

工程名称			分部工程名称			验收部位	
施工单位			专业工长			项目经理	
施工执行标准 名称及编号							
分包单位			分包项目 经理			施工班组长	

		质量验收规范的规定		施工单位检查评定记录	监理（建设） 单位验收记录
2.5.2 主控 项目		1 通风机的安装 ［第(1)条］			
		2 通风机安全措施 ［第(2)条］			
		3 空调机组的安装 ［第(3)条］			
		4 静电空气过滤器安装 ［第(7)条］			
		5 电加热器的安装 ［第(8)条］			
		6 干蒸汽加湿器的安装 ［第(9)条］			

2.5.3 一般 项目	1 通风机的安装 [第(1)条]			
	2 组合式空调机组的安 装[第(2)条]			
	3 现场组装的空气处理 室安装[第(3)条]			
	4 单元式空调机组的安 装[第(4)条]			
	5 消声器的安装[第 (13)条]			
	6 风机盘管机组安装 [第(15)条]			
	7 粗、中效空气过滤器 的安装[第(14)条]			
	8 空气风幕机的安装 [第(19)条]			
	9 转轮式换热器安装 [第(16)条]			
	10 转轮式去湿器安装 [第(17)条]			
	11 蒸汽加湿器安装 [第(18)条]			
施工单位检查 结果评定	项目专业质量检查员：　　　年　　月　　日			
监理(建设)单 位验收结论	监理工程师： (建设单位项目专业技术负责人)　　　年　　月　　日			

168

通风与空调设备安装检验批质量验收记录   附表 C-10
（净化空调系统）

工程名称		分部工程名称		验收部位	
施工单位		专业工长		项目经理	
施工执行标准名称及编号					
分包单位		分包项目经理		施工班组长	

	质量验收规范的规定		施工单位检查评定记录	监理（建设）单位验收记录
2.5.2 主控项目	1 通风机的安装〔第(1)条〕			
	2 通风机安全措施〔第(2)条〕			
	3 空调机组的安装〔第(3)条〕			
	4 净化空调设备的安装〔第(6)条〕			
	5 高效过滤器的安装〔第(5)条〕			
	6 静电空气过滤器安装〔第(7)条〕			
	7 电加热器的安装〔第(8)条〕			
	8 干蒸汽加湿器的安装〔第(9)条〕			

169

2.5.3 一般项目	1 通风机的安装〔第(1)条〕			
	2 组合式净化空调机组的安装〔第(2)条〕			
	3 净化室设备安装〔第(8)条〕			
	4 装配式洁净室的安装〔第(9)条〕			
	5 洁净室层流罩的安装〔第(10)条〕			
	6 风机过滤单元安装〔第(11)条〕			
	7 粗、中效空气过滤器的安装〔第(14)条〕			
	8 高效过滤器安装〔第(12)条〕			
	9 消声器的安装〔第(13)条〕			
	10 蒸汽加湿器安装〔第(18)条〕			

施工单位检查结果评定	
	项目专业质量检查员：　　年　月　日

监理(建设)单位验收结论	
	监理工程师： (建设单位项目专业技术负责人)　　年　月　日

170

空调制冷系统安装检验批质量验收记录　　附表 C-11

工程名称		分部工程名称		验收部位	
施工单位		专业工长		项目经理	
施工执行标准 名称及编号					
分包单位		分包项目 经理		施工班组长	

	质量验收规范的规定	施工单位检查评定记录	监理(建设) 单位验收记录
2.6.2 主控 项目	1 制冷设备与附属设备 安装[第(1)条第 1)、 3)款]		
	2 设备混凝土基础的验 收[第(1)条第 2)款]		
	3 表冷器的安装 [第(2)条]		
	4 燃气、燃油系统设备 的安装[第(3)条]		
	5 制冷设备的严密性试 验及试运行[第(4) 条]		
	6 管道及管配件的安装 [第(5)条]		
	7 燃油管道系统接地 [第(6)条]		
	8 燃气系统的安装[第 (7)条]		
	9 氨管道焊缝的无损检 测[第(8)条]		
	10 乙二醇管道系统的 规定[第(9)条]		
	11 制冷剂管路的试验 [第(10)条]		

171

2.6.3 一般项目	1 制冷设备安装[第1条第1)、2)、4)、5)款]		
	2 制冷附属设备安装[第1条第3)款]		
	3 模块式冷水机组安装[第(2)条]		
	4 泵的安装[第(3)条]		
	5 制冷剂管道的安装[第(4)条第1)、2)、3)、4)款]		
	6 管道的焊接[第(4)条第5)、6)款]		
	7 阀门安装[第(5)条第2)~6)款]		
	8 阀门的试压[第(5)条第1)款]		
	9 制冷系统的吹扫[第(6)条]		
施工单位检查结果评定			
	项目专业质量检查员：　年　月　日		
监理(建设)单位验收结论			
	监理工程师： (建设单位项目专业技术负责人)　年　月　日		

空调水系统安装检验批质量验收记录 附表 C-12

（金属管道）

工程名称		分部工程名称		验收部位	
施工单位			专业工长	项目经理	
施工执行标准 名称及编号					
分包单位			分包项目 经理		施工班组长

	质量验收规范的规定	施工单位检查评定记录	监理（建设） 单位验收记录
2.7.1 主控 项目	1 系统的管材与配件 　验收 　［第(1)条］		
	2 管道柔性接管的安装 　［第(2)条第3)款］		
	3 管道的套管 　［第(2)条第5)款］		
	4 管道补偿器安装及固 　定支架 　［第(5)条］		
	5 系统的冲洗、排污 　［第(2)条第4)款］		
	6 阀门的安装 　［第(4)条］		
	7 阀门的试压 　［第(4)条第3)款］		
	8 系统的试压 　［第(3)条］		
	9 隐蔽管道的验收 　［第(2)条第1)款］		

続表

2.7.3 一般项目	1 管道的焊接 [第(2)条]			
	2 管道的螺纹连接 [第(3)条]			
	3 管道的法兰连接 [第(4)条]			
	4 管道的安装 [第(5)条]			
	5 钢塑复合管道的安装 [第(6)条]			
	6 管道沟槽式连接 [第(6)条]			
	7 管道的支、吊架 [第(8)条]			
	8 阀门及其他部件的安装 [第(10)条]			
	9 系统放气阀与排水阀 [第(10)条第 4)款]			

施工单位检查结果评定	项目专业质量检查员: 年 月 日
监理(建设)单位验收结论	监理工程师: (建设单位项目专业技术负责人) 年 月 日

174

空调水系统安装检验批质量验收记录 　　附表 C-13
（非金属管道）

工程名称		分部工程名称		验收部位	
施工单位			专业工长		项目经理	
施工执行标准名称及编号					
分包单位		分包项目经理		施工班组长	

		质量验收规范的规定	施工单位检查评定记录	监理（建设）单位验收记录
2.7.2 主控项目		1 系统的管材与配件验收 ［第(1)条］		
		2 管道柔性接管的安装 ［第(2)条第3)款］		
		3 管道的套管 ［第(2)条第5)款］		
		4 管道补偿器安装及固定支架 ［第(5)条］		
		5 系统的冲洗、排污 ［第(2)条第4)款］		
		6 阀门的安装 ［第(4)条］		
		7 阀门的试压 ［第(4)条第3)款］		
		8 系统的试压 ［第(3)条］		
		9 隐蔽管道的验收 ［第(2)条第1)款］		

2.7.3 一般项目	1 PVC-U 管道的安装 〔第(1)条〕			
	2 PP-R 管道的安装 〔第(1)条〕			
	3 PEX 管道的安装 〔第(1)条〕			
	4 管道安装的位置 〔第(9)条〕			
	5 管道的支、吊架 〔第(8)条〕			
	6 阀门的安装 〔第(10)条〕			
	7 系统放气阀与排水阀 〔第(10)条第4)款〕			

施工单位检查 结果评定	
	项目专业质量检查员：　　年　月　日
监理(建设)单 位验收结论	
	监理工程师： (建设单位项目专业技术负责人)　　年　月　日

176

空调水系统安装检验批质量验收记录

（设 备）

工程名称		分部工程名称		验收部位	
施工单位			专业工长	项目经理	
施工执行标准 名称及编号					
分包单位			分包项目 经理	施工班组长	

	质量验收规范的规定	施工单位检查评定记录	监理（建设） 单位验收记录
2.7.2 主控 项目	1 系统的设备与附属 设备 ［第(1)条］		
	2 冷却塔的安装 ［第(6)条］		
	3 水泵的安装 ［第(7)条］		
	4 其他附属设备的安装 ［第(8)条］		

2.7.3 一般项目	1 风机盘管的管道连接〔第(7)条〕			
	2 冷却塔的安装〔第(11)条〕			
	3 水泵及附属设备的安装〔第(12)条〕			
	4 水箱、集水缸、分水缸、储冷罐等设备的安装〔第(13)条〕			
	5 水过滤器等设备的安装〔第(10)条第3)款〕			

施工单位检查结果评定	
	项目专业质量检查员：　　年　月　日
监理(建设)单位验收结论	
	监理工程师： (建设单位项目专业技术负责人)　　年　月　日

防腐与绝热施工检验批质量验收记录

（风管系统）

工程名称		分部工程名称		验收部位	
施工单位			专业工长	项目经理	
施工执行标准名称及编号					
分包单位		分包项目经理		施工班组长	

	质量验收规范的规定		施工单位检查评定记录	监理（建设）单位验收记录
2.8.2 主控项目	1 材料的验证 [第(1)条]			
	2 防腐涂料或油漆质量 [第(2)条]			
	3 电加热器与防火墙 2m 管道 [第(3)条]			
	4 低温风管的绝热 [第(4)条]			
	5 洁净室内风管 [第(5)条]			

2.8.3 一般 项目	1 防腐涂层质量 [第(1)条]		
	2 空调设备、部件油漆 或绝热 [第(2)、(3)条]		
	3 绝热材料厚度及平 整度 [第(4)条]		
	4 风管绝热粘接固定 [第(5)条]		
	5 风管绝热层保温钉 固定 [第(6)条]		
	6 绝热涂料 [第(7)条]		
	7 玻璃布保护层的施工 [第(8)条]		
	8 金属保护壳的施工 [第(12)条]		
施工单位检查 结果评定			
	项目专业质量检查员：　　　年　月　日		
监理(建设)单 位验收结论			
	监理工程师： (建设单位项目专业技术负责人)　　年　月　日		

防腐与绝热施工检验批质量验收记录

附表 C-16

（管道系统）

工程名称		分部工程名称			验收部位	
施工单位			专业工长		项目经理	
施工执行标准 名称及编号						
分包单位			分包项目 经理		施工班组长	

		质量验收规范的规定		施工单位检查评定记录	监理（建设） 单位验收记录
2.8.2 主控 项目	1 材料的验证 ［第(1)条］				
	2 防腐涂料或油漆质量 ［第(2)条］				

	3 电加热器与防火墙
	  2m 管道
	  ［第(3)条］				

	4 冷冻水管道的绝热 ［第(4)条］				
	5 洁净室内管道 ［第(5)条］				

2.8.3 一般 项目	1 防腐涂层质量 [第(1)条]			
	2 空调设备、部件油漆 或绝热[第(2)、（3) 条]			
	3 绝热材料厚度及平 整度 [第(4)条]			
	4 绝热涂料 [第(7)条]			
	5 玻璃布保护层的施工 [第(8)条]			
	6 管道阀门的绝热 [第(9)条]			
	7 管道绝热层的施工 [第(10)条]			
	8 管道防潮层的施工 [第(11)条]			
	9 金属保护层的施工 [第(12)条]			
	10 机房内制冷管道 色标 [第(13)条]			
施工单位检查 结果评定		项目专业质量检查员： 年 月 日		
监理（建设)单 位验收结论		监理工程师： (建设单位项目专业技术负责人) 年 月 日		

工程系统调试检验批质量验收记录　　　附表 C-17

工程名称		分部工程名称		验收部位	
施工单位		专业工长		项目经理	
施工执行标准名称及编号					
分包单位		分包项目经理		施工班组长	

	质量验收规范的规定		施工单位检查评定记录	监理（建设）单位验收记录
2.9.2主控项目	1 通风机、空调机组单机试运转及调试［第（2）条第1）款］			
	2 水泵单机试运转及调试［第（2）条第2）款］			
	3 冷却塔单机试运转及调试［第（2）条第3）款］			
	4 制冷机组单机试运转及调试［第（2）条第4）款］			
	5 电控防、排烟阀的动作试验［第（2）条第5）款］			
	6 系统风量的调试［第（3）条第1）款］			
	7 空调水系统的调试［第（3）条第2）款］			
	8 恒温、恒湿空调［第（3）条第3）款］			
	9 防、排系统调试［第（4）条］			
	10 净化空调系统的调试［第（5）条］			

2.9.3 一般项目	1 风机、空调机组 [第(1)条第2)、3)款]		
	2 水泵的安装 [第(1)条第1)款]		
	3 风口风量的平衡 [第(2)条第2)款]		
	4 水系统的试运行 [第(3)条第1)、3)款]		
	5 水系统检测元件的工作 [第(3)条第2)款]		
	6 空调房间的参数[第(3)条第4)、5)、6)款]		
	7 洁净空调房间的参数 [第(3)条]		
	8 工程的控制和监测元件和执行结构[第(4)条]		
施工单位检查结果评定			
	项目专业质量检查员: 年 月 日		
监理(建设)单位验收结论			
	监理工程师: (建设单位项目专业技术负责人) 年 月 日		

184

通风与空调工程分项工程质量验收记录　　附表 **C-18**
（分项工程）

工程名称		结构类型		检验批数	
施工单位		项目经理		项目技术负责人	
分包单位		分包单位负责人		分包项目经理	

序号	检验批部位、区、段	施工单位检查评定结果	监理(建设)单位验收结论

检查结论	项目专业技术负责人： 　　　　　　　年　月　日	验收结论	监理工程师： (建设单位项目专业技术负责人) 　　　　　　　年　月　日

185

通风与空调子分部工程质量验收记录 　　附表 C-19
(送、排风系统)

工程名称		结构类型		层数	
施工单位		技术部门 负责人		质量部门 负责人	
分包单位		分包单位 负责人		分包技术 负责人	

序号	分项工程名称	检验批数	施工单位检查评定意见	验收意见
1	风管与配件制作			
2	部件制作			
3	风管系统安装			
4	风机与空气处理设备安装			
5	消声设备制作与安装			
6	风管与设备防腐			
7	系统调试			
质量控制资料				
安全和功能检验(检测)报告				
观感质量验收				

验收单位	分包单位	项目经理:　　　　　　　　年　　月　　日
	施工单位	项目经理:　　　　　　　　年　　月　　日
	勘察单位	项目负责人:　　　　　　　年　　月　　日
	设计单位	项目负责人:　　　　　　　年　　月　　日
	监理(建设)单位	总监理工程师: (建设单位项目专业负责人)　　年　　月　　日

通风与空调子分部工程质量验收记录 　附表 C-20

（防、排烟系统）

工程名称			结构类型		层数	
施工单位			技术部门负责人		质量部门负责人	
分包单位			分包单位负责人		分包技术负责人	

序号	分项工程名称	检验批数	施工单位检查评定意见		验收意见
1	风管与配件制作				
2	部件制作				
3	风管系统安装				
4	风机与空气处理设备安装				
5	排烟风口、常闭正压风口安装				
6	风管与设备防腐				
7	系统调试				
8	消声设备制作与安装（合用系统时检查）				
质量控制资料					
安全和功能检验(检测)报告					
观感质量验收					

验收单位	分包单位	项目经理：	年　月　日
	施工单位	项目经理：	年　月　日
	勘察单位	项目负责人：	年　月　日
	设计单位	项目负责人：	年　月　日
	监理(建设)单位	总监理工程师： (建设单位项目专业负责人)	年　月　日

187

通风与空调子分部工程质量验收记录　　附表 C-21
（除尘系统）

工程名称			结构类型		层数	
施工单位			技术部门负责人		质量部门负责人	
分包单位			分包单位负责人		分包技术负责人	
序号	分项工程名称		检验批数	施工单位检查评定意见		验收意见
1	风管与配件制作					
2	部件制作					
3	风管系统安装					
4	风机安装					
5	除尘器与排污设备安装					
6	风管与设备防腐					
7	风管与设备绝热					
8	系统调试					
质量控制资料						
安全和功能检验(检测)报告						
观感质量验收						
验收单位	分包单位		项目经理：　　　　　　年　月　日			
	施工单位		项目经理：　　　　　　年　月　日			
	勘察单位		项目负责人：　　　　　年　月　日			
	设计单位		项目负责人：　　　　　年　月　日			
	监理(建设)单位		总监理工程师： (建设单位项目专业负责人)　年　月　日			

通风与空调子分部工程质量验收记录　　附表 C-22

（空调系统）

工程名称		结构类型		层数	
施工单位		技术部门负责人		质量部门负责人	
分包单位		分包单位负责人		分包技术负责人	

序号	分项工程名称	检验批数	施工单位检查评定意见		验收意见
1	风管与配件制作				
2	部件制作				
3	风管系统安装				
4	风机与空气处理设备安装				
5	消声设备制作与安装				
6	风管与设备防腐				
7	风管与设备绝热				
8	系统调试				
质量控制资料					
安全和功能检验(检测)报告					
观感质量验收					
验收单位	分包单位		项目经理：　　　　　年　月　日		
	施工单位		项目经理：　　　　　年　月　日		
	勘察单位		项目负责人：　　　　年　月　日		
	设计单位		项目负责人：　　　　年　月　日		
	监理(建设)单位		总监理工程师：（建设单位项目专业负责人）　年　月　日		

189

通风与空调子分部工程质量验收记录　　　附表 C-23
（净化空调系统）

工程名称		结构类型		层数	
施工单位		技术部门负责人		质量部门负责人	
分包单位		分包单位负责人		分包技术负责人	

序号	分项工程名称	检验批数	施工单位检查评定意见	验收意见
1	风管与配件制作			
2	部件制作			
3	风管系统安装			
4	风机与空气处理设备安装			
5	消声设备制作与安装			
6	风管与设备防腐			
7	风管与设备绝热			
8	高效过滤器安装			
9	净化设备安装			
10	系统调试			
质量控制资料				
安全和功能检验(检测)报告				
观感质量验收				

验收单位	分包单位	项目经理：　　　　　　年　　月　　日
	施工单位	项目经理：　　　　　　年　　月　　日
	勘察单位	项目负责人：　　　　　年　　月　　日
	设计单位	项目负责人：　　　　　年　　月　　日
	监理(建设)单位	总监理工程师： (建设单位项目专业负责人)　　年　　月　　日

通风与空调子分部工程质量验收记录
附表 C-24

(制冷系统)

工程名称		结构类型		层数	
施工单位		技术部门负责人		质量部门负责人	
分包单位		分包单位负责人		分包技术负责人	

序号	分项工程名称	检验批数	施工单位检查评定意见	验收意见
1	制冷机组安装			
2	制冷剂管道及配件安装			
3	制冷附属设备安装			
4	管道及设备的防腐和绝热			
5	系统调试			

质量控制资料	
安全和功能检验(检测)报告	
观感质量验收	

验收单位	分包单位	项目经理: 年 月 日
	施工单位	项目经理: 年 月 日
	勘察单位	项目负责人: 年 月 日
	设计单位	项目负责人: 年 月 日
	监理(建设)单位	总监理工程师: (建设单位项目专业负责人) 年 月 日

通风与空调子分部工程质量验收记录　　附表 C-25
（空调水系统）

工程名称		结构类型		层数	
施工单位		技术部门 负责人		质量部门 负责人	
分包单位		分包单位 负责人		分包技术 负责人	

序号	分项工程名称	检验批数	施工单位检查评定意见		验收意见
1	冷热水管道系统安装				
2	冷却水管道系统安装				
3	冷凝水管道系统安装				
4	管道阀门和部件安装				
5	冷却塔安装				
6	水泵及附属设备安装				
7	管道与设备的防腐和绝热				
8	系统调试				
质量控制资料					
安全和功能检验(检测)报告					
观感质量验收					
验收单位	分包单位		项目经理：　　　　年　　月　　日		
	施工单位		项目经理：　　　　年　　月　　日		
	勘察单位		项目负责人：　　　年　　月　　日		
	设计单位		项目负责人：　　　年　　月　　日		
	监理(建设)单位		总监理工程师： (建设单位项目专业负责人)　　年　　月　　日		

通风与空调分部工程质量验收记录   附表 C-26

工程名称		结构类型		层数	
施工单位		技术部门负责人		质量部门负责人	
分包单位		分包单位负责人		分包技术负责人	

序号	子分部工程名称	检验批数	施工单位检查评定意见	验收意见
1	送、排风系统			
2	防、排烟系统			
3	除尘系统			
4	空调系统			
5	净化空调系统			
6	制冷系统			
7	空调水系统			
质量控制资料				
安全和功能检验(检测)报告				
观感质量验收				

验收单位	分包单位	项目经理:　　　　　年　　月　　日
	施工单位	项目经理:　　　　　年　　月　　日
	勘察单位	项目负责人:　　　　　年　　月　　日
	设计单位	项目负责人:　　　　　年　　月　　日
	监理(建设)单位	总监理工程师: (建设单位项目专业负责人)　　　　　年　　月　　日

3. 建筑电气工程

3.1 基本要求

3.1.1 一般规定

（1）除设计要求外，承力建筑钢结构构件上，不得采用熔焊连接固定电气线路、设备和器具的支架、螺栓等部件；且严禁热加工开孔。

（2）额定电压交流 1kV 及以下、直流 1.5kV 及以下的应为低压电器设备、器具和材料；额定电压大于交流 1kV、直流 1.5kV 的应为高压电器设备、器具和材料。

（3）电气设备上计量仪表和与电气保护有关的仪表应检定合格，当投入试运行时，应在有效期内。

（4）建筑电气动力工程的空载试运行和建筑电气照明工程的负荷试运行，应按本章规定执行；建筑电气动力工程的负荷试运行，依据电气设备及相关建筑设备的种类、特性，编制试运行方案或作业指导书，并应经施工单位审查批准、监理单位确认后执行。

（5）动力和照明工程的漏电保护装置应做模拟动作试验。

（6）接地（PE）或接零（PEN）支线必须单独与接地（PE）或接零（PEN）干线相连接，不得串联连接。

（7）高压的电气设备和布线系统及继电保护系统的交接试验，必须符合现行国家标准《电气装置安装工程电气设备交接试验标准》GB 50150 的规定。

（8）低压的电气设备和布线系统的交接试验，应符合本章的规定。

（9）送至建筑智能化工程变送器的电量信号精度等级应符合设计要求，状态信号应正确；接收建筑智能化工程的指令应使建筑电气工程的自动开关动作符合指令要求，且手动、自动切换功能正常。

3.1.2 主要设备、材料、成品和半成品进场验收

（1）主要设备、材料、成品和半成品进场检验结论应有记录，确认符合本章规定，才能在施工中应用。

（2）因有异议送有资质试验室进行抽样检测，试验室应出具检测报告，确认符合本章和相关技术标准规定，才能在施工中应用。

（3）依法定程序批准进入市场的新电气设备、器具和材料进场验收，除符合本章规定外，尚应提供安装、使用、维修和试验要求等技术文件。

（4）进口电气设备、器具和材料进场验收，除符合本规范规定外，尚应提供商检证明和中文的质量合格证明文件、规格、型号、性能检测报告以及中文的安装、使用、维修和试验要求等技术文件。

（5）经批准的免检产品或认定的名牌产品，当进场验收时，宜不做抽样检测。

（6）变压器、箱式变电所、高压电器及电瓷制品应符合下列规定：

1）查验合格证和随带技术文件，变压器有出厂试验记录；

2）外观检查：有铭牌，附件齐全，绝缘件无缺损、裂纹，充油部分不渗漏，充气高压设备气压指示正常，涂层完整。

（7）高低压成套配电柜、蓄电池柜、不间断电源柜、控制柜（屏、台）及动力、照明配电箱（盘）应符合下列规定：

1）查验合格证和随带技术文件，实行生产许可证和安全认证制度的产品，有许可证编号和安全认证标志。不间断电源柜有出厂试验记录；

2）外观检查：有铭牌，柜内元器件无损坏丢失、接线无脱

落脱焊，蓄电池柜内电池壳体无碎裂、漏液，充油、充气设备无泄漏，涂层完整，无明显碰撞凹陷。

（8）柴油发电机组应符合下列规定：

1）依据装箱单，核对主机、附件、专用工具、备品备件和随带技术文件，查验合格证和出厂试运行记录，发电机及其控制柜有出厂试验记录；

2）外观检查：有铭牌，机身无缺件，涂层完整。

（9）电动机、电加热器、电动执行机构和低压开关设备等应符合下列规定：

1）查验合格证和随带技术文件，实行生产许可证和安全认证制度的产品，有许可证编号和安全认证标志；

2）外观检查：有铭牌，附件齐全，电气接线端子完好，设备器件无缺损，涂层完整。

（10）照明灯具及附件应符合下列规定：

1）查验合格证，新型气体放电灯具有随带技术文件；

2）外观检查：灯具涂层完整，无损伤，附件齐全。防爆灯具铭牌上有防爆标志和防爆合格证号，普通灯具有安全认证标志；

3）对成套灯具的绝缘电阻、内部接线等性能进行现场抽样检测。灯具的绝缘电阻值不小于 $2M\Omega$，内部接线为铜芯绝缘电线，芯线截面积不小于 $0.5mm^2$，橡胶或聚氯乙烯（PVC）绝缘电线的绝缘层厚度不小于 $0.6mm$。对游泳池和类似场所灯具（水下灯及防水灯具）的密闭和绝缘性能有异议时，按批抽样送有资质的试验室检测。

（11）开关、插座、接线盒和风扇及其附件应符合下列规定：

1）查验合格证，防爆产品有防爆标志和防爆合格证号，实行安全认证制度的产品有安全认证标志；

2）外观检查：开关、插座的面板及接线盒盒体完整、无碎裂、零件齐全，风扇无损坏，涂层完整，调速器等附件适配；

3）对开关、插座的电气和机械性能进行现场抽样检测。检测规定如下：

① 不同极性带电部件间的电气间隙和爬电距离不小于3mm；

② 绝缘电阻值不小于 5MΩ；

③ 用自攻锁紧螺钉或自切螺钉安装的，螺钉与软塑固定件旋合长度不小于 8mm，软塑固定件在经受 10 次拧紧退出试验后，无松动或掉渣，螺钉及螺纹无损坏现象；

④ 金属间相旋合的螺钉螺母，拧紧后完全退出，反复 5 次仍能正常使用。

4）对开关、插座、接线盒及其面板等塑料绝缘材料阻燃性能有异议时，按批抽样送有资质的试验室检测。

（12）电线、电缆应符合下列规定：

1）按批查验合格证，合格证有生产许可证编号，按《额定电压 450/750V 及以下聚氯乙烯绝缘电缆》GB 5023.1～5023.7 标准生产的产品有安全认证标志；

2）外观检查：包装完好，抽检的电线绝缘层完整无损，厚度均匀。电缆无压扁、扭曲，铠装不松卷。耐热、阻燃的电线、电缆外护层有明显标识和制造厂标；

3）按制造标准，现场抽样检测绝缘层厚度和圆形线芯的直径；线芯直径误差不大于标称直径的 1%；常用的 BV 型绝缘电线的绝缘层厚度不小于表 3-1-1 的规定；

BV 型绝缘电线的绝缘层厚度　　　　　　表 3-1-1

序　号	1	2	3	4	5	6	7	8	9	10	11	12	13	14	15	16	17
电线芯线标称截面积（mm²）	1.5	2.5	4	6	10	16	25	35	50	70	95	120	150	185	240	300	400
绝缘层厚度规定值（mm）	0.7	0.8	0.8	0.8	1.0	1.0	1.2	1.2	1.4	1.4	1.6	1.6	1.8	2.0	2.2	2.4	2.6

4）对电线、电缆绝缘性能、导电性能和阻燃性能有异议时，按批抽样送有资质的试验室检测。

（13）导管应符合下列规定：

1）按批查验合格证；

2）外观检查：钢导管无压扁、内壁光滑。非镀锌钢导管无严重锈蚀，按制造标准油漆出厂的油漆完整；镀锌钢导管镀层覆盖完整、表面无锈斑；绝缘导管及配件不碎裂、表面有阻燃标记和制造厂标；

3）按制造标准现场抽样检测导管的管径、壁厚及均匀度。对绝缘导管及配件的阻燃性能有异议时，按批抽样送有资质的试验室检测。

（14）型钢和电焊条应符合下列规定：

1）按批查验合格证和材质证明书；有异议时，按批抽样送有资质的试验室检测；

2）外观检查：型钢表面无严重锈蚀，无过度扭曲、弯折变形；电焊条包装完整，拆包抽检，焊条尾部无锈斑。

（15）镀锌制品（支架、横担、接地极、避雷用型钢等）和外线金具应符合下列规定：

1）按批查验合格证或镀锌厂出具的镀锌质量证明书；

2）外观检查：镀锌层覆盖完整、表面无锈斑，金具配件齐全，无砂眼；

3）对镀锌质量有异议时，按批抽样送有资质的试验室检测。

（16）电缆桥架、线槽应符合下列规定：

1）查验合格证；

2）外观检查：部件齐全，表面光滑、不变形；钢制桥架涂层完整，无锈蚀；玻璃钢制桥架色泽均匀，无破损碎裂；铝合金桥架涂层完整，无扭曲变形，不压扁，表面不划伤。

（17）封闭母线、插接母线应符合下列规定：

1）查验合格证和随带安装技术文件；

2）外观检查：防潮密封良好，各段编号标志清晰，附件齐全，外壳不变形，母线螺栓搭接面平整、镀层覆盖完整、无起皮和麻面；插接母线上的静触头无缺损、表面光滑、镀层完整。

（18）裸母线、裸导线应符合下列规定：

1）查验合格证；

2）外观检查：包装完好，裸母线平直，表面无明显划痕，测量厚度和宽度符合制造标准；裸导线表面无明显损伤，不松股、扭折和断股（线），测量线径符合制造标准。

（19）电缆头部件及接线端子应符合下列规定：

1）查验合格证；

2）外观检查：部件齐全，表面无裂纹和气孔，随带的袋装涂料或填料不泄漏。

（20）钢制灯柱应符合下列规定：

1）按批查验合格证；

2）外观检查：涂层完整，根部接线盒盒盖紧固件和内置熔断器、开关等器件齐全，盒盖密封垫片完整。钢柱内设有专用接地螺栓，地脚螺孔位置按提供的附图尺寸，允许偏差为±2mm。

（21）钢筋混凝土电杆和其他混凝土制品应符合下列规定：

1）按批查验合格证；

2）外观检查：表面平整，无缺角露筋，每个制品表面有合格印记；钢筋混凝土电杆表面光滑，无纵向、横向裂纹，杆身平直，弯曲不大于杆长的1/1000。

3.1.3 工序交接确认

（1）架空线路及杆上电气设备安装应按以下程序进行：

1）线路方向和杆位及拉线坑位测量埋桩后，经检查确认，才能挖掘杆坑和拉线坑；

2）杆坑、拉线坑的深度和坑型，经检查确认，才能立杆和埋设拉线盘；

3）杆上高压电气设备交接试验合格，才能通电；

4）架空线路做绝缘检查，且经单相冲击试验合格，才能通电；

5）架空线路的相位经检查确认，才能与接户线连接。

（2）变压器、箱式变电所安装应按以下程序进行：

1）变压器、箱式变电所的基础验收合格，且对埋入基础的电线导管、电缆导管和变压器进、出线预留孔及相关预埋件进行检查，才能安装变压器、箱式变电所；

2）杆上变压器的支架紧固检查后，才能吊装变压器且就位固定；

3）变压器及接地装置交接试验合格，才能通电。

（3）成套配电柜、控制柜（屏、台）和动力、照明配电箱（盘）安装应按以下程序进行：

1）埋设的基础型钢和柜、屏、台下的电缆沟等相关建筑物检查合格，才能安装柜、屏、台；

2）室内外落地动力配电箱的基础验收合格，且对埋入基础的电线导管、电缆导管进行检查，才能安装箱体；

3）墙上明装的动力、照明配电箱（盘）的预埋件（金属埋件、螺栓），在抹灰前预留和预埋；暗装的动力、照明配电箱的预留孔和动力、照明配线的线盒及电线导管等，经检查确认到位，才能安装配电箱（盘）；

4）接地（PE）或接零（PEN）连接完成后，核对柜、屏、台、箱、盘内的元件规格、型号，且交接试验合格，才能投入试运行。

（4）低压电动机、电加热器及电动执行机构应与机械设备完成连接，绝缘电阻测试合格，经手动操作符合工艺要求，才能接线。

（5）柴油发电机组安装应按以下程序进行：

1）基础验收合格，才能安装机组；

2）地脚螺栓固定的机组经初平、螺栓孔灌浆、精平、紧固地脚螺栓、二次灌浆等机械安装程序；安放式的机组将底部垫平、垫实；

3）油、气、水冷、风冷、烟气排放等系统和隔振防噪声设施安装完成；按设计要求配置的消防器材齐全到位；发电机静态试验、随机配电盘控制柜接线检查合格，才能空载试运行；

4）发电机空载试运行和试验调整合格，才能负荷试运行；

5）在规定时间内，连续无故障负荷试运行合格，才能投入备用状态。

（6）不间断电源按产品技术要求试验调整，应检查确认，才能接至馈电网路。

（7）低压电气动力设备试验和试运行应按以下程序进行：

1）设备的可接近裸露导体接地（PE）或接零（PEN）连接完成，经检查合格，才能进行试验；

2）动力成套配电（控制）柜、屏、台、箱、盘的交流工频耐压试验、保护装置的动作试验合格，才能通电；

3）控制回路模拟动作试验合格，盘车或手动操作，电气部分与机械部分的转动或动作协调一致，经检查确认，才能空载试运行。

（8）裸母线、封闭母线、插接式母线安装应按以下程序进行：

1）变压器、高低压成套配电柜、穿墙套管及绝缘子等安装就位，经检查合格，才能安装变压器和高低压成套配电柜的母线；

2）封闭、插接式母线安装，在结构封顶、室内底层地面施工完成或已确定地面标高、场地清理、层间距离复核后，才能确定支架设置位置；

3）与封闭、插接式母线安装位置有关的管道、空调及建筑装修工程施工基本结束，确认扫尾施工不会影响已安装的母线，才能安装母线；

4）封闭、插接式母线每段母线组对接续前，绝缘电阻测试合格，绝缘电阻值大于 $20M\Omega$，才能安装组对；

5）母线支架和封闭、插接式母线的外壳接地（PE）或接零（PEN）连接完成，母线绝缘电阻测试和交流工频耐压试验合格，才能通电。

（9）电缆桥架安装和桥架内电缆敷设应按以下程序进行：

1）测量定位，安装桥架的支架，经检查确认，才能安装桥架；

2）桥架安装检查合格，才能敷设电缆；

3）电缆敷设前绝缘测试合格，才能敷设；

4）电缆电气交接试验合格，且对接线去向、相位和防火隔堵措施等检查确认，才能通电。

（10）电缆在沟内、竖井内支架上敷设应按以下程序进行：

1）电缆沟、电缆竖井内的施工临时设施、模板及建筑废料等清除，测量定位后，才能安装支架；

2）电缆沟、电缆竖井内支架安装及电缆导管敷设结束，接地（PE）或接零（PEN）连接完成，经检查确认，才能敷设电缆；

3）电缆敷设前绝缘测试合格，才能敷设；

4）电缆交接试验合格，且对接线去向、相位和防火隔堵措施等检查确认，才能通电。

（11）电线导管、电缆导管和线槽敷设应按以下程序进行：

1）除埋入混凝土中的非镀锌钢导管外壁不做防腐处理外，其他场所的非镀锌钢导管内外壁均做防腐处理，经检查确认，才能配管；

2）室外直埋导管的路径、沟槽深度、宽度及垫层处理经检查确认，才能埋设导管；

3）现浇混凝土板内配管在底层钢筋绑扎完成，上层钢筋未绑扎前敷设，且检查确认，才能绑扎上层钢筋和浇捣混凝土；

4）现浇混凝土墙体内的钢筋网片绑扎完成，门、窗等位置已放线，经检查确认，才能在墙体内配管；

5）被隐蔽的接线盒和导管在隐蔽前检查合格，才能隐蔽；

6）在梁、板、柱等部位明配管的导管套管、埋件、支架等检查合格，才能配管；

7）吊顶上的灯位及电气器具位置先放样，且与土建及各专业施工单位商定，才能在吊顶内配管；

8）顶棚和墙面的喷浆、油漆或壁纸等基本完成，才能敷设线槽、槽板。

（12）电线、电缆穿管及线槽敷线应按以下程序进行：

1）接地（PE）或接零（PEN）及其他焊接施工完成，经检查确认，才能穿入电线或电缆以及线槽内敷线；

2）与导管连接的柜、屏、台、箱、盘安装完成，管内积水及杂物清理干净，经检查确认，才能穿入电线、电缆；

3）电缆穿管前绝缘测试合格，才能穿入导管；

4）电线、电缆交接试验合格，且对接线去向和相位等检查确认，才能通电。

（13）钢索配管的预埋件及预留孔，应预埋、预留完成；装修工程除地面外基本结束，才能吊装钢索及敷设线路。

（14）电缆头制作和接线应按以下程序进行：

1）电缆连接位置、连接长度和绝缘测试经检查确认，才能制作电缆头；

2）控制电缆绝缘电阻测试和校线合格，才能接线；

3）电线、电缆交接试验和相位核对合格，才能接线。

（15）照明灯具安装应按以下程序进行：

1）安装灯具的预埋螺栓、吊杆和吊顶上嵌入式灯具安装专用骨架等完成，按设计要求做承载试验合格，才能安装灯具；

2）影响灯具安装的模板、脚手架拆除；顶棚和墙面喷浆、油漆或壁纸等及地面清理工作基本完成后，才能安装灯具；

3）导线绝缘测试合格，才能灯具接线；

4）高空安装的灯具，地面通断电试验合格，才能安装。

（16）照明开关、插座、风扇安装：吊扇的吊钩预埋完成；电线绝缘测试应合格，顶棚和墙面的喷浆、油漆或壁纸等应基本完成，才能安装开关、插座和风扇。

（17）照明系统的测试和通电试运行应按以下程序进行：

1）电线绝缘电阻测试前电线的接续完成；

2）照明箱（盘）、灯具、开关、插座的绝缘电阻测试在就位前或接线前完成；

3）备用电源或事故照明电源作空载自动投切试验前拆除负荷，空载自动投切试验合格，才能做有载自动投切试验；

4）电气器具及线路绝缘电阻测试合格，才能通电试验；

5）照明全负荷试验必须在本条的1）、2）、4）完成后进行。

（18）接地装置安装应按以下程序进行：

1）建筑物基础接地体：底板钢筋敷设完成，按设计要求做接地施工，经检查确认，才能支模或浇捣混凝土；

2）人工接地体：按设计要求位置开挖沟槽，经检查确认，才能打入接地极和敷设地下接地干线；

3）接地模块：按设计位置开挖模块坑，并将地下接地干线引到模块上，经检查确认，才能相互焊接；

4）装置隐蔽：检查验收合格，才能覆土回填。

（19）引下线安装应按以下程序进行：

1）利用建筑物柱内主筋作引下线，在柱内主筋绑扎后，按设计要求施工，经检查确认，才能支模；

2）直接从基础接地体或人工接地体暗敷埋入粉刷层内的引下线，经检查确认不外露，才能贴面砖或刷涂料等；

3）直接从基础接地体或人工接地体引出明敷的引下线，先埋设或安装支架，经检查确认，才能敷设引下线。

（20）等电位联结应按以下程序进行：

1）总等电位联结：对可作导电接地体的金属管道入户处和供总等电位联结的接地干线的位置检查确认，才能安装焊接总等电位联结端子板，按设计要求做总等电位联结；

2）辅助等电位联结：对供辅助等电位联结的接地母线位置检查确认，才能安装焊接辅助等电位联结端子板，按设计要求做辅助等电位联结；

3）对特殊要求的建筑金属屏蔽网箱，网箱施工完成，经检查确认，才能与接地线连接。

（21）接闪器安装：接地装置和引下线应施工完成，才能安装接闪器，且与引下线连接。

（22）防雷接地系统测试：接地装置施工完成测试应合格；避雷接闪器安装完成，整个防雷接地系统连成回路，才能系统测试。

3.2 架空线路及杆上电气设备安装

3.2.1 主控项目

（1）电杆坑、拉线坑的深度允许偏差，应不深于设计坑深100mm、不浅于设计坑深50mm。

（2）架空导线的弧垂值，允许偏差为设计弧垂值的±5%，水平排列的同档导线间弧垂值偏差为±50mm。

（3）变压器中性点应与接地装置引出干线直接连接，接地装置的接地电阻值必须符合设计要求。

（4）杆上变压器和高压绝缘子、高压隔离开关、跌落式熔断器、避雷器等必须按 3.1.1 中第（8）条的规定交接试验合格。

（5）杆上低压配电箱的电气装置和馈电线路交接试验应符合下列规定：

1）每路配电开关及保护装置的规格、型号，应符合设计要求；

2）相间和相对地间的绝缘电阻值应大于 0.5MΩ；

3）电气装置的交流工频耐压试验电压为 1kV，当绝缘电阻值大于 10MΩ 时，可采用 2500V 兆欧表摇测替代，试验持续时间 1min，无击穿闪络现象。

3.2.2 一般项目

（1）拉线的绝缘子及金具应齐全，位置正确，承力拉线应与线路中心线方向一致，转角拉线应与线路分角线方向一致。拉线应收紧，收紧程度与杆上导线数量规格及弧垂值相适配。

（2）电杆组立应正直，直线杆横向位移不应大于 50mm，杆梢偏移不应大于梢径的 1/2，转角杆紧线后不向内角倾斜，向外角倾斜不应大于 1 个梢径。

（3）直线杆单横担应装于受电侧，终端杆、转角杆的单横担应装于拉线侧。横担的上下歪斜和左右扭斜，从横担端部测量不应大于 20mm。横担等镀锌制品应热浸镀锌。

（4）导线无断股、扭绞和死弯，与绝缘子固定可靠，金具规格应与导线规格适配。

（5）线路的跳线、过引线、接户线的线间和线对地间的安全距离，电压等级为 6～10kV 的，应大于 300mm；电压等级为 1kV 及以下的，应大于 150mm。用绝缘导线架设的线路，绝缘破口处应修补完整。

（6）杆上电气设备安装应符合下列规定：

1）固定电气设备的支架、紧固件为热浸镀锌制品，紧固件及防松零件齐全；

2）变压器油位正常、附件齐全、无渗油现象、外壳涂层完整；

3）跌落式熔断器安装的相间距离不小于 500mm；熔管试操动能自然打开旋下；

4）杆上隔离开关分、合操动灵活，操动机构机械锁定可靠，分合时三相同期性好，分闸后，刀片与静触头间空气间隙距离不小于 200mm；地面操作杆的接地（PE）可靠，且有标识；

5）杆上避雷器排列整齐，相间距离不小于 350mm，电源侧引线铜线截面积不小于 16mm^2、铝线截面积不小于 25mm^2，接地侧引线铜线截面积不小于 25mm^2，铝线截面积不小于 35mm^2。与接地装置引出线连接可靠。

3.3　变压器、箱式变电所安装

3.3.1　主控项目

（1）变压器安装应位置正确，附件齐全，油浸变压器油位正常，无渗油现象。

（2）接地装置引出的接地干线与变压器的低压侧中性点直接

连接；接地干线与箱式变电所的 N 母线和 PE 母线直接连接；变压器箱体、干式变压器的支架或外壳应接地（PE）。所有连接应可靠，紧固件及防松零件齐全。

（3）变压器必须按 3.1.1 中第（7）条的规定交接试验合格。

（4）箱式变电所及落地式配电箱的基础应高于室外地坪，周围排水通畅。用地脚螺栓固定的螺帽齐全，拧紧牢固；自由安放的应垫平放正。金属箱式变电所及落地式配电箱，箱体应接地（PE）或接零（PEN）可靠，且有标识。

（5）箱式变电所的交接试验，必须符合下列规定：

1）由高压成套开关柜、低压成套开关柜和变压器三个独立单元组合成的箱式变电所高压电气设备部分，按 3.1.1 中（7）的规定交接试验合格。

2）高压开关、熔断器等与变压器组合在同一个密闭油箱内的箱式变电所，交接试验按产品提供的技术文件要求执行；

3）低压成套配电柜交接试验符合 3.2.1 中第（5）条的规定。

3.3.2 一般项目

（1）有载调压开关的传动部分润滑应良好，动作灵活，点动给定位置与开关实际位置一致，自动调节符合产品的技术文件要求。

（2）绝缘件应无裂纹、缺损和瓷件瓷釉损坏等缺陷，外表清洁，测温仪表指示准确。

（3）装有滚轮的变压器就位后，应将滚轮用能拆卸的制动部件固定。

（4）变压器应按产品技术文件要求进行检查器身，当满足下列条件之一时，可不检查器身。

1）制造厂规定不检查器身者；

2）就地生产仅做短途运输的变压器，且在运输过程中有效监督，无紧急制动、剧烈振动、冲撞或严重颠簸等异常情况者。

（5）箱式变电所内外涂层完整、无损伤，有通风口的风口防护网完好。

（6）箱式变电所的高低压柜内部接线完整、低压每个输出回路标记清晰，回路名称准确。

（7）装有气体继电器的变压器顶盖，沿气体继电器的气流方向有 $1.0\%\sim1.5\%$ 的升高坡度。

3.4 成套配电柜、控制柜（屏、台）和动力、照明配电箱（盘）安装

3.4.1 主控项目

（1）柜、屏、台、箱、盘的金属框架及基础型钢必须接地（PE）或接零（PEN）可靠；装有电器的可开启门，门和框架的接地端子间应用裸编织铜线连接，且有标识。

（2）低压成套配电柜、控制柜（屏、台）和动力、照明配电箱（盘）应有可靠的电击保护。柜（屏、台、箱、盘）内保护导体应有裸露的连接外部保护导体的端子，当设计无要求时，柜（屏、台、箱、盘）内保护导体最小截面积 S_p 不应小于表 3.4.1 的规定。

保护导体的截面积 表 3-4-1

相线的截面积 S（mm^2）	相应保护导体的最小截面积 S_p（mm^2）
$S\leqslant16$	S
$16<S\leqslant35$	16
$35<S\leqslant400$	$S/2$
$400<S\leqslant800$	200
$S>800$	$S/4$

注：S 指柜（屏、台、箱、盘）电源进线相线截面积，且两者（S，S_p）材质相同。

（3）手车、抽出式成套配电柜推拉应灵活，无卡阻碰撞现象。动触头与静触头的中心线应一致，且触头接触紧密，投入

时，接地触头先于主触头接触；退出时，接地触头后于主触头脱开。

（4）高压成套配电柜必须按 3.1.1 第（7）条的规定交接试验合格，且应符合下列规定：

1）继电保护元器件、逻辑元件、变送器和控制用计算机等单体校验合格，整组试验动作正确，整定参数符合设计要求；

2）凡经法定程序批准，进入市场投入使用的新高压电气设备和继电保护装置，按产品技术文件要求交接试验。

（5）低压成套配电柜交接试验，必须符合 3.2.1 第（5）条的规定。

（6）柜、屏、台、箱、盘间线路的线间和线对地间绝缘电阻值，馈电线路必须大于 0.5MΩ；二次回路必须大于 1MΩ。

（7）柜、屏、台、箱、盘间二次回路交流工频耐压试验，当绝缘电阻值大于 10MΩ 时，用 2500V 兆欧表摇测 1min，应无闪络击穿现象；当绝缘电阻值在 1～10MΩ 时，做 1000V 交流工频耐压试验，时间 1min，应无闪络击穿现象。

（8）直流屏试验，应将屏内电子器件从线路上退出，检测主回路线间和线对地间绝缘电阻值应大于 0.5MΩ，直流屏所附蓄电池组的充、放电应符合产品技术文件要求；整流器的控制调整和输出特性试验应符合产品技术文件要求。

（9）照明配电箱（盘）安装应符合下列规定：

1）箱（盘）内配线整齐，无绞接现象。导线连接紧密，不伤芯线，不断股。垫圈下螺钉两侧压的导线截面积相同，同一端子上导线连接不多于 2 根，防松垫圈等零件齐全；

2）箱（盘）内开关动作灵活可靠，带有漏电保护的回路，漏电保护装置动作电流不大于 30mA，动作时间不大于 0.1s。

3）照明箱（盘）内，分别设置零线（N）和保护地线（PE 线）汇流排，零线和保护地线经汇流排配出。

3.4.2　一般项目

（1）基础型钢安装应符合表 3-4-2 的规定。

项　　目	允 许 偏 差	
	（mm/m）	（mm/全长）
不 直 度	1	5
水 平 度	1	5
不平行度	/	5

基础型钢安装允许偏差　　　　表 3-4-2

（2）柜、屏、台、箱、盘相互间或与基础型钢应用镀锌螺栓连接，且防松零件齐全。

（3）柜、屏、台、箱、盘安装垂直度允许偏差为 1.5‰，相互间接缝不应大于 2mm，成列盘面偏差不应大于 5mm。

（4）柜、屏、台、箱、盘内检查试验应符合下列规定：

1）控制开关及保护装置的规格、型号符合设计要求；

2）闭锁装置动作准确、可靠；

3）主开关的辅助开关切换动作与主开关动作一致；

4）柜、屏、台、箱、盘上的标识器件标明被控设备编号及名称，或操作位置，接线端子有编号，且清晰、工整、不易脱色。

5）回路中的电子元件不应参加交流工频耐压试验；48V 及以下回路可不做交流工频耐压试验。

（5）低压电器组合应符合下列规定：

1）发热元件安装在散热良好的位置；

2）熔断器的熔体规格、自动开关的整定值符合设计要求；

3）切换压板接触良好，相邻压板间有安全距离，切换时，不触及相邻的压板；

4）信号回路的信号灯、按钮、光字牌、电铃、电笛、事故电钟等动作和信号显示准确；

5）外壳需接地（PE）或接零（PEN）的，连接可靠；

6）端子排安装牢固，端子有序号，强电、弱电端子隔离布置，端子规格与芯线截面积大小适配。

（6）柜、屏、台、箱、盘间配线：电流回路应采用额定电压不低于750V、芯线截面积不小于2.5mm²的铜芯绝缘电线或电缆；除电子元件回路或类似回路外，其他回路的电线应采用额定电压不低于750V、芯线截面不小于1.5mm²的铜芯绝缘电线或电缆。

二次回路连线应成束绑扎，不同电压等级、交流、直流线路及计算机控制线路应分别绑扎，且有标识；固定后不应妨碍手车开关或抽出式部件的拉出或推入。

（7）连接柜、屏、台、箱、盘面板上的电器及控制台、板等可动部位的电线应符合下列规定：

1）采用多股铜芯软电线，敷设长度留有适当裕量；

2）线束有外套塑料管等加强绝缘保护层；

3）与电器连接时，端部绞紧，且有不开口的终端端子或搪锡，不松散、断股；

4）可转动部位的两端用卡子固定。

（8）照明配电箱（盘）安装应符合下列规定：

1）位置正确，部件齐全，箱体开孔与导管管径适配，暗装配电箱箱盖紧贴墙面，箱（盘）涂层完整；

2）箱（盘）内接线整齐，回路编号齐全，标识正确；

3）箱（盘）不采用可燃材料制作；

4）箱（盘）安装牢固，垂直度允许偏差为1.5‰；底边距地面为1.5m，照明配电板底边距地面不小于1.8m。

3.5 低压电动机、电加热器及电动执行机构检查接线

3.5.1 主控项目

（1）电动机、电加热器及电动执行机构的可接近裸露导体必须接地（PE）或接零（PEN）。

（2）电动机、电加热器及电动执行机构绝缘电阻值应大于0.5MΩ。

（3）100kW以上的电动机，应测量各相直流电阻值，相互

差不应大于最小值的 2%；无中性点引出的电动机，测量线间直流电阻值，相互差不应大于最小值的 1%。

3.5.2　一般项目

（1）电气设备安装应牢固，螺栓及防松零件齐全，不松动。防水防潮电气设备的接线入口及接线盒盖等应做密封处理。

（2）除电动机随带技术文件说明不允许在施工现场抽芯检查外，有下列情况之一的电动机，应抽芯检查：

1）出厂时间已超过制造厂保证期限，无保证期限的已超过出厂时间一年以上；

2）外观检查、电气试验、手动盘转和试运转，有异常情况。

（3）电动机抽芯检查应符合下列规定：

1）线圈绝缘层完好、无伤痕，端部绑线不松动，槽楔固定、无断裂，引线焊接饱满，内部清洁，通风孔道无堵塞；

2）轴承无锈斑，注油（脂）的型号、规格和数量正确，转子平衡块紧固，平衡螺丝锁紧，风扇叶片无裂纹；

3）连接用紧固件的防松零件齐全完整；

4）其他指标符合产品技术文件的特有要求。

（4）在设备接线盒内裸露的不同相导线间和导线对地间最小距离应大于 8mm，否则应采取绝缘防护措施。

3.6　柴油发电机组安装

3.6.1　主控项目

（1）发电机的试验必须符合附录 A 的规定。

（2）发电机组至低压配电柜馈电线路的相间、相对地间的绝缘电阻值应大于 0.5MΩ；塑料绝缘电缆馈电线路直流耐压试验为 2.4kV，时间 15min，泄漏电流稳定，无击穿现象。

（3）柴油发电机馈电线路连接后，两端的相序必须与原供电系统的相序一致。

（4）发电机中性线（工作零线）应与接地干线直接连接，螺栓防松零件齐全，且有标识。

3.6.2 一般项目

（1）发电机组随带的控制柜接线应正确，紧固件紧固状态良好，无遗漏脱落。开关、保护装置的型号、规格正确，验证出厂试验的锁定标记应无位移，有位移应重新按制造厂要求试验标定。

（2）发电机本体和机械部分的可接近裸露导体应接地（PE）或接零（PEN）可靠，且有标识。

（3）受电侧低压配电柜的开关设备、自动或手动切换装置和保护装置等试验合格，应按设计的自备电源使用分配预案进行负荷试验，机组连续运行12h无故障。

3.7 不间断电源安装

3.7.1 主控项目

（1）不间断电源的整流装置、逆变装置和静态开关装置的规格、型号必须符合设计要求。内部结线连接正确，紧固件齐全，可靠不松动，焊接连接无脱落现象。

（2）不间断电源的输入、输出各级保护系统和输出的电压稳定性、波形畸变系数、频率、相位、静态开关的动作等各项技术性能指标试验调整必须符合产品技术文件要求，且符合设计文件要求。

（3）不间断电源装置间连线的线间、线对地间绝缘电阻值应大于0.5MΩ。

（4）不间断电源输出端的中性线（N极），必须与由接地装置直接引来的接地干线相连接，做重复接地。

3.7.2 一般项目

（1）安放不间断电源的机架组装应横平竖直，水平度、垂直度允许偏差不应大于1.5‰，紧固件齐全。

（2）引入或引出不间断电源装置的主回路电线、电缆和控制电线、电缆应分别穿保护管敷设，在电缆支架上平行敷设应保持150mm的距离；电线、电缆的屏蔽护套接地连接可靠，与接地干线就近连接，紧固件齐全。

（3）不间断电源装置的可接近裸露导体应接地（PE）或接零（PEN）可靠，且有标识。

（4）不间断电源正常运行时产生的 A 声级噪声，不应大于 45dB；输出额定电流为 5A 及以下的小型不间断电源噪声，不应大于 30dB。

3.8　低压电气动力设备试验和试运行

3.8.1　主控项目

（1）试运行前，相关电气设备和线路应按本章的规定试验合格。

（2）现场单独安装的低压电器交接试验项目应符合附录 B 的规定。

3.8.2　一般项目

（1）成套配电（控制）柜、台、箱、盘的运行电压、电流应正常，各种仪表指示正常。

（2）电动机应试通电，检查转向和机械转动有无异常情况；可空载试运行的电动机，时间一般为 2h，记录空载电流，且检查机身和轴承的温升。

（3）交流电动机在空载状态下（不投料）可启动次数及间隔时间应符合产品技术条件的要求；无要求时，连续启动 2 次的时间间隔不应小于 5min，再次启动应在电动机冷却至常温下。空载状态（不投料）运行，应记录电流、电压、温度、运行时间等有关数据，且应符合建筑设备或工艺装置的空载状态运行（不投料）要求。

（4）大容量（630A 及以上）导线或母线连接处，在设计计算负荷运行情况下应做温度抽测记录，温升值稳定且不大于设计值。

（5）电动执行机构的动作方向及指示，应与工艺装置的设计要求保持一致。

3.9 裸母线、封闭母线、插接式母线安装

3.9.1 主控项目

（1）绝缘子的底座、套管的法兰、保护网（罩）及母线支架等可接近裸露导体应接地（PE）或接零（PEN）可靠。不应作为接地（PE）或接零（PEN）的接续导体。

（2）母线与母线或母线与电器接线端子，当采用螺栓搭接连接时，应符合下列规定：

1）母线的各类搭接连接的钻孔直径和搭接长度符合附录 C 的规定，用力矩扳手拧紧钢制连接螺栓的力矩值符合附录 D 的规定；

2）母线接触面保持清洁，涂电力复合脂，螺栓孔周边无毛刺；

3）连接螺栓两侧有平垫圈，相邻垫圈间有大于 3mm 的间隙，螺母侧装有弹簧垫圈或锁紧螺母；

4）螺栓受力均匀，不使电器的接线端子受额外应力。

（3）封闭、插接式母线安装应符合下列规定：

1）母线与外壳同心，允许偏差为±5mm；

2）当段与段连接时，两相邻段母线及外壳对准，连接后不使母线及外壳受额外应力；

3）母线的连接方法符合产品技术文件要求。

（4）室内裸母线的最小安全净距应符合附录 E 的规定。

（5）高压母线交流工频耐压试验必须按 3.1.1 第（7）条的规定交接试验合格。

（6）低压母线交接试验应符合 3.2.1 第（5）条的规定。

3.9.2 一般项目

（1）母线的支架与预埋铁件采用焊接固定时，焊缝应饱满；采用膨胀螺栓固定时，选用的螺栓应适配，连接应牢固。

（2）母线与母线、母线与电器接线端子搭接，搭接面的处理应符合下列规定：

1）铜与铜：室外、高温且潮湿的室内，搭接面搪锡；干燥的室内，不搪锡；

2）铝与铝：搭接面不做涂层处理；

3）钢与钢：搭接面搪锡或镀锌；

4）铜与铝：在干燥的室内，铜导体搭接面搪锡；在潮湿场所，铜导体搭接面搪锡，且采用铜铝过渡板与铝导体连接；

5）钢与铜或铝：钢搭接面搪锡。

（3）母线的相序排列及涂色，当设计无要求时应符合下列规定：

1）上、下布置的交流母线，由上至下排列为 A、B、C 相；直流母线正极在上，负极在下；

2）水平布置的交流母线，由盘后向盘前排列为 A、B、C 相；直流母线正极在后，负极在前；

3）面对引下线的交流母线，由左至右排列为 A、B、C 相；直流母线正极在左，负极在右；

4）母线的涂色：交流，A 相为黄色、B 相为绿色、C 相为红色；直流，正极为赭色、负极为蓝色；在连接处或支持件边缘两侧 10mm 以内不涂色。

（4）母线在绝缘子上安装应符合下列规定：

1）金具与绝缘子间的固定平整牢固，不使母线受额外应力；

2）交流母线的固定金具或其他支持金具不形成闭合铁磁回路；

3）除固定点外，当母线平置时，母线支持夹板的上部压板与母线间有 1～1.5mm 的间隙；当母线立置时，上部压板与母线间有 1.5～2mm 的间隙；

4）母线的固定点，每段设置 1 个，设置于全长或两母线伸缩节的中点；

5）母线采用螺栓搭接时，连接处距绝缘子的支持夹板边缘不小于 50mm。

（5）封闭、插接式母线组装和固定位置应正确，外壳与底座间、外壳各连接部位和母线的连接螺栓应按产品技术文件要求选择正确，连接紧固。

3.10 电缆桥架安装和桥架内电缆敷设

3.10.1 主控项目

（1）金属电缆桥架及其支架和引入或引出的金属电缆导管必须接地（PE）或接零（PEN）可靠，且必须符合下列规定：

1）金属电缆桥架及其支架全长应不少于 2 处与接地（PE）或接零（PEN）干线相连接；

2）非镀锌电缆桥架间连接板的两端跨接铜芯接地线，接地线最小允许截面积不小于 4mm²；

3）镀锌电缆桥架间连接板的两端不跨接接地线，但连接板两端不少于 2 个有防松螺帽或防松垫圈的连接固定螺栓。

（2）电缆敷设严禁有绞拧、铠装压扁、护层断裂和表面严重划伤等缺陷。

3.10.2 一般项目

（1）电缆桥架安装应符合下列规定：

1）直线段钢制电缆桥架长度超过 30m、铝合金或玻璃钢制电缆桥架长度超过 15m 设有伸缩节；电缆桥架跨越建筑物变形缝处设置补偿装置；

2）电缆桥架转弯处的弯曲半径，不小于桥架内电缆最小允许弯曲半径，电缆最小允许弯曲半径见表 3-10-1；

电缆最小允许弯曲半径 表 3-10-1

序号	电 缆 种 类	最小允许弯曲半径
1	无铅包钢铠护套的橡皮绝缘电力电缆	10D
2	有钢铠护套的橡皮绝缘电力电缆	20D
3	聚氯乙烯绝缘电力电缆	10D
4	交联聚氯乙烯绝缘电力电缆	15D
5	多芯控制电缆	10D

注：D 为电缆外径。

3）当设计无要求时，电缆桥架水平安装的支架间距为1.5～3m；垂直安装的支架间距不大于2m；

4）桥架与支架间螺栓、桥架连接板螺栓固定紧固无遗漏，螺母位于桥架外侧；当铝合金桥架与钢支架固定时，有相互间绝缘的防电化腐蚀措施；

5）电缆桥架敷设在易燃易爆气体管道和热力管道的下方，当设计无要求时，与管道的最小净距，符合表3-10-2的规定；

与管道的最小净距（m）   表3-10-2

管道类别		平行净距	交叉净距
一般工艺管道		0.4	0.3
易燃易爆气体管道		0.5	0.5
热力管道	有保温层	0.5	0.3
	无保温层	1.0	0.5

6）敷设在竖井内和穿越不同防火区的桥架，按设计要求位置，有防火隔堵措施；

7）支架与预埋件焊接固定时，焊缝饱满；膨胀螺栓固定时，选用螺栓适配，连接紧固，防松零件齐全。

（2）桥架内电缆敷设应符合下列规定：

1）大于45°倾斜敷设的电缆每隔2m处设固定点；

2）电缆出入电缆沟、竖井、建筑物、柜（盘）、台处以及管子管口处等做密封处理；

3）电缆敷设排列整齐，水平敷设的电缆，首尾两端、转弯两侧及每隔5～10m处设固定点；敷设于垂直桥架内的电缆固定点间距，不大于表3-10-3的规定。

电缆固定点的间距（mm）   表3-10-3

电缆种类		固定点的间距
电力电缆	全塑型	1000
	除全塑型外的电缆	1500
控制电缆		1000

（3）电缆的首端、末端和分支处应设标志牌。

3.11　电缆沟内和电缆竖井内电缆敷设

3.11.1　主控项目

（1）金属电缆支架、电缆导管必须接地（PE）或接零（PEN）可靠。

（2）电缆敷设严禁有绞拧、铠装压扁、护层断裂和表面严重划伤等缺陷。

3.11.2　一般项目

（1）电缆支架安装应符合下列规定：

1）当设计无要求时，电缆支架最上层至竖井顶部或楼板的距离不小于 150～200mm；电缆支架最下层至沟底或地面的距离不小于 50～100mm；

2）当设计无要求时，电缆支架层间最小允许距离符合表 3-11-1的规定；

电缆支架层间最小允许距离（mm）　　　　表 3-11-1

电缆种类	支架层间最小距离
控制电缆	120
10kV 及以下电力电缆	150～200

3）支架与预埋件焊接固定时，焊缝饱满；用膨胀螺栓固定时，选用螺栓适配，连接紧固，防松零件齐全。

（2）电缆在支架上敷设，转弯处的最小允许弯曲半径应符合表 3-10-1 的规定。

（3）电缆敷设固定应符合下列规定：

1）垂直敷设或大于 45°倾斜敷设的电缆在每个支架上固定；

2）交流单芯电缆或分相后的每相电缆固定用的夹具和支架，不形成闭合铁磁回路；

3）电缆排列整齐，少交叉；当设计无要求时，电缆支持点间距，不大于表 3-11-2 的规定；

电 缆 种 类	敷 设 方 式	
	水 平	垂 直
电 力 电 缆 全塑型	400	1000
除全塑型外的电缆	800	1500
控 制 电 缆	800	1000

电缆支持点间距（mm）　　　　表 3-11-2

4）当设计无要求时，电缆与管道的最小净距，符合表 3-10-2 的规定，且敷设在易燃易爆气体管道和热力管道的下方；

5）敷设电缆的电缆沟和竖井，按设计要求位置，有防火隔堵措施。

（4）电缆的首端、末端和分支处应设标志牌。

3.12　电线导管、电缆导管和线槽敷设

3.12.1　主控项目

（1）金属的导管和线槽必须接地（PE）或接零（PEN）可靠，并符合下列规定：

1）镀锌的钢导管、可挠性导管和金属线槽不得熔焊跨接接地线，以专用接地卡跨接的两卡间连线为铜芯软导线，截面积不小于 4mm²；

2）当非镀锌钢导管采用螺纹连接时，连接处的两端焊跨接接地线；当镀锌钢导管采用螺纹连接时，连接处的两端用专用接地卡固定跨接接地线；

3）金属线槽不作设备的接地导体，当设计无要求时，金属线槽全长不少于 2 处与接地（PE）或接零（PEN）干线连接；

4）非镀锌金属线槽间连接板的两端跨接铜芯接地线，镀锌线槽间连接板的两端不跨接接地线，但连接板两端不少于 2 个有防松螺帽或防松垫圈的连接固定螺栓。

（2）金属导管严禁对口熔焊连接；镀锌和壁厚小于等于 2mm 的钢导管不得套管熔焊连接。

（3）防爆导管不应采用倒扣连接；当连接有困难时，应采用防爆活接头，其接合面应严密。

（4）当绝缘导管在砌体上剔槽埋设时，应采用强度等级不小于 M10 的水泥砂浆抹面保护，保护层厚度大于 15mm。

3.12.2 一般项目

（1）室外埋地敷设的电缆导管，埋深不应小于 0.7m。壁厚小于等于 2mm 的钢电线导管不应埋设于室外土壤内。

（2）室外导管的管口应设置在盒、箱内。在落地式配电箱内的管口，箱底无封板的，管口应高出基础面 50～80mm。所有管口在穿入电线、电缆后应做密封处理。由箱式变电所或落地式配电箱引向建筑物的导管，建筑物一侧的导管管口应设在建筑物内。

（3）电缆导管的弯曲半径不应小于电缆最小允许弯曲半径，电缆最小允许弯曲半径应符合表 3-10-1 的规定。

（4）金属导管内外壁应防腐处理；埋设于混凝土内的导管内壁应防腐处理，外壁可不防腐处理。

（5）室内进入落地式柜、台、箱、盘内的导管管口，应高出柜、台、箱、盘的基础面 50～80mm。

（6）暗配的导管，埋设深度与建筑物、构筑物表面的距离不应小于 15mm；明配的导管应排列整齐，固定点间距均匀，安装牢固；在终端、弯头中点或柜、台、箱、盘等边缘的距离 150～500mm 范围内设有管卡，中间直线段管卡间的最大距离应符合表 3-12-1 的规定。

管卡间最大距离 表 3-12-1

敷设方式	导管种类	导管直径（mm）				
		15～20	25～32	32～40	50～65	65 以上
		管卡间最大距离（m）				
支架或沿墙明敷	壁厚＞2mm 刚性钢导管	1.5	2.0	2.5	2.5	3.5
	壁厚≤2mm 刚性钢导管	1.0	1.5	2.0	—	—
	刚性绝缘导管	1.0	1.5	1.5	2.0	2.0

（7）线槽应安装牢固，无扭曲变形，紧固件的螺母应在线槽外侧。

（8）防爆导管敷设应符合下列规定：

1）导管间及与灯具、开关、线盒等的螺纹连接处紧密牢固，除设计有特殊要求外，连接处不跨接接地线，在螺纹上涂以电力复合酯或导电性防锈酯；

2）安装牢固顺直，镀锌层锈蚀或剥落处做防腐处理。

（9）绝缘导管敷设应符合下列规定：

1）管口平整光滑；管与管、管与盒（箱）等器件采用插入法连接时，连接处结合面涂专用胶合剂，接口牢固密封；

2）直埋于地下或楼板内的刚性绝缘导管，在穿出地面或楼板易受机械损伤的一段，采取保护措施；

3）当设计无要求时，埋设在墙内或混凝土内的绝缘导管，采用中型以上的导管；

4）沿建筑物、构筑物表面和在支架上敷设的刚性绝缘导管，按设计要求装设温度补偿装置。

（10）金属、非金属柔性导管敷设应符合下列规定：

1）刚性导管经柔性导管与电气设备、器具连接，柔性导管的长度在动力工程中不大于 0.8m，在照明工程中不大于 1.2m；

2）可挠金属管或其他柔性导管与刚性导管或电气设备、器具间的连接采用专用接头；复合型可挠金属管或其他柔性导管的连接处密封良好，防液覆盖层完整无损；

3）可挠性金属导管和金属柔性导管不能做接地（PE）或接零（PEN）的接续导体。

（11）导管和线槽，在建筑物变形缝处，应设补偿装置。

3.13 电线、电缆穿管和线槽敷线

3.13.1 主控项目

（1）三相或单相的交流单芯电缆，不得单独穿于钢导管内。

（2）不同回路、不同电压等级和交流与直流的电线，不应穿

于同一导管内；同一交流回路的电线应穿于同一金属导管内，且管内电线不得有接头。

（3）爆炸危险环境照明线路的电线和电缆额定电压不得低于750V，且电线必须穿于钢导管内。

3.13.2 一般项目

（1）电线、电缆穿管前，应清除管内杂物和积水。管口应有保护措施，不进入接线盒（箱）的垂直管口穿入电线、电缆后，管口应密封。

（2）当采用多相供电时，同一建筑物、构筑物的电线绝缘层颜色选择应一致，即保护地线（PE线）应是黄绿相间色，零线用淡蓝色；相线用：A相——黄色、B相——绿色、C相——红色。

（3）线槽敷线应符合下列规定：

1）电线在线槽内有一定余量，不得有接头。电线按回路编号分段绑扎，绑扎点间距不应大于2m；

2）同一回路的相线和零线，敷设于同一金属线槽内；

3）同一电源的不同回路无抗干扰要求的线路可敷设于同一线槽内；敷设于同一线槽内有抗干扰要求的线路用隔板隔离，或采用屏蔽电线且屏蔽护套一端接地。

3.14 槽板配线

3.14.1 主控项目

（1）槽板内电线无接头，电线连接设在器具处；槽板与各种器具连接时，电线应留有余量，器具底座应压住槽板端部。

（2）槽板敷设应紧贴建筑物表面，且横平竖直、固定可靠，严禁用木楔固定；木槽板应经阻燃处理，塑料槽板表面应有阻燃标识。

3.14.2 一般项目

（1）木槽板无劈裂，塑料槽板无扭曲变形。槽板底板固定点间距应小于500mm；槽板盖板固定点间距应小于300mm；底板距终端 50mm 和盖板距终端 30mm 处应固定。

（2）槽板的底板接口与盖板接口应错开 20mm，盖板在直线段和 90°转角处应成 45°斜口对接，T 形分支处应成三角叉接，盖板应无翘角，接口应严密整齐。

（3）槽板穿过梁、墙和楼板处应有保护套管，跨越建筑物变形缝处槽板应设补偿装置，且与槽板结合严密。

3.15 钢索配线

3.15.1 主控项目

（1）应采用镀锌钢索，不应采用含油芯的钢索。钢索的钢丝直径应小于 0.5mm，钢索不应有扭曲和断股等缺陷。

（2）钢索的终端拉环埋件应牢固可靠，钢索与终端拉环套接处应采用心形环，固定钢索的线卡不应少于 2 个，钢索端头应用镀锌铁线绑扎紧密，且应接地（PE）或接零（PEN）可靠。

（3）当钢索长度在 50m 及以下时，应在钢索一端装设花篮螺栓紧固；当钢索长度大于 50m 时，应在钢索两端装设花篮螺栓紧固。

3.15.2 一般项目

（1）钢索中间吊架间距不应大于 12m，吊架与钢索连接处的吊钩深度不应小于 20mm，并应有防止钢索跳出的锁定零件。

（2）电线和灯具在钢索上安装后，钢索应承受全部负载，且钢索表面应整洁、无锈蚀。

（3）钢索配线的零件间和线间距离应符合表 3-15-1 的规定。

钢索配线的零件间和线间距离（mm）　　表 3-15-1

配 线 类 别	支持件之间最大距离	支持件与灯头盒之间最大距离
钢　　管	1500	200
刚性绝缘导管	1000	150
塑料护套线	200	100

3.16 电缆头制作、接线和线路绝缘测试

3.16.1 主控项目

（1）高压电力电缆直流耐压试验必须按 3.1.1 中第（8）条的规定交接试验合格。

（2）低压电线和电缆，线间和线对地间的绝缘电阻值必须大于 0.5MΩ。

（3）铠装电力电缆头的接地线应采用铜绞线或镀锡铜编织线，截面积不应小于表 3-16-1 的规定。

电缆芯线和接地线截面积（mm^2）　　　表 3-16-1

电缆芯线截面积	接地线截面积
120 及以下	16
150 及以上	25

注：电缆芯线截面积在 $16mm^2$ 及以下，接地线截面积与电缆芯线截面积相等。

（4）电线、电缆接线必须准确，并联运行电线或电缆的型号、规格、长度、相位应一致。

3.16.2 一般项目

（1）芯线与电器设备的连接应符合下列规定：

1）截面积在 $10mm^2$ 及以下的单股铜芯线和单股铝芯线直接与设备、器具的端子连接；

2）截面积在 $2.5mm^2$ 及以下的多股铜芯线拧紧搪锡或接续端子后与设备、器具的端子连接；

3）截面积大于 $2.5mm^2$ 的多股铜芯线，除设备自带插接式端子外，接续端子后与设备或器具的端子连接；多股铜芯线与插接式端子连接前，端部拧紧搪锡；

4）多股铝芯线接续端子后与设备、器具的端子连接；

5）每个设备和器具的端子接线不多于 2 根电线。

（2）电线、电缆的芯线连接金具（连接管和端子），规格应与芯线的规格适配，且不得采用开口端子。

（3）电线、电缆的回路标记应清晰，编号准确。

3.17 普通灯具安装

3.17.1 主控项目

（1）灯具的固定应符合下列规定：

1）灯具重量大于 3kg 时，固定在螺栓或预埋吊钩上；

2）软线吊灯，灯具重量在 0.5kg 及以下时，采用软电线自身吊装；大于 0.5kg 的灯具采用吊链，且软电线编叉在吊链内，使电线不受力；

3）灯具固定牢固可靠，不使用木楔。每个灯具固定用螺钉或螺栓不少于 2 个；当绝缘台直径在 75mm 及以下时，采用 1 个螺钉或螺栓固定。

（2）花灯吊钩圆钢直径不应小于灯具挂销直径，且不应小于 6mm。大型花灯的固定及悬吊装置，应按灯具重量的 2 倍做过载试验。

（3）当钢管做灯杆时，钢管内径不应小于 10mm，钢管厚度不应小于 1.5mm。

（4）固定灯具带电部件的绝缘材料以及提供防触电保护的绝缘材料，应耐燃烧和防明火。

（5）当设计无要求时，灯具的安装高度和使用电压等级应符合下列规定：

1）一般敞开式灯具，灯头对地面距离不小于下列数值（采用安全电压时除外）：

① 室外：2.5m（室外墙上安装）；

② 厂房：2.5m；

③ 室内：2m；

④ 软吊线带升降器的灯具在吊线展开后：0.8m。

2）危险性较大及特殊危险场所，当灯具距地面高度小于 2.4m 时，使用额定电压为 36V 及以下的照明灯具，或有专用保护措施。

（6）当灯具距地面高度小于 2.4m 时，灯具的可接近裸露导体必须接地（PE）或接零（PEN）可靠，并应有专用接地螺栓，且有标识。

3.17.2 一般项目

（1）引向每个灯具的导线线芯最小截面积应符合表 3-17-1 的规定。

导线线芯最小截面积（mm²） 表 3-17-1

灯具安装的场所及用途		线芯最小截面积		
		铜芯软线	铜 线	铝 线
灯头线	民用建筑室内	0.5	0.5	2.5
	工业建筑室内	0.5	1.0	2.5
	室 外	1.0	1.0	2.5

（2）灯具的外形、灯头及其接线应符合下列规定：

1）灯具及其配件齐全，无机械损伤、变形、涂层剥落和灯罩破裂等缺陷；

2）软线吊灯的软线两端做保护扣，两端芯线搪锡；当装升降器时，套塑料软管，采用安全灯头；

3）除敞开式灯具外，其他各类灯具灯泡容量在 100W 及以上者采用瓷质灯头；

4）连接灯具的软线盘扣、搪锡压线，当采用螺口灯头时，相线接于螺口灯头中间的端子上；

5）灯头的绝缘外壳不破损和漏电；带有开关的灯头，开关手柄无裸露的金属部分。

（3）变电所内，高低压配电设备及裸母线的正上方不应安装灯具。

（4）装有白炽灯泡的吸顶灯具，灯泡不应紧贴灯罩；当灯泡与绝缘台间距离小于 5mm 时，灯泡与绝缘台间应采取隔热措施。

（5）安装在重要场所的大型灯具的玻璃罩，应采取防止玻璃罩碎裂后向下溅落的措施。

(6) 投光灯的底座及支架应固定牢固，枢轴应沿需要的光轴方向拧紧固定。

(7) 安装在室外的壁灯应有泄水孔，绝缘台与墙面之间应有防水措施。

3.18 专用灯具安装

3.18.1 主控项目

(1) 36V 及以下行灯变压器和行灯安装必须符合下列规定：

1) 行灯电压不大于 36V，在特殊潮湿场所或导电良好的地面上以及工作地点狭窄、行动不便的场所行灯电压不大于 12V；

2) 变压器外壳、铁芯和低压侧的任意一端或中性点，接地 (PE) 或接零 (PEN) 可靠；

3) 行灯变压器为双圈变压器，其电源侧和负荷侧有熔断器保护，熔丝额定电流分别不应大于变压器一次、二次的额定电流；

4) 行灯灯体及手柄绝缘良好，坚固耐热耐潮湿；灯头与灯体结合紧固，灯头无开关，灯泡外部有金属保护网、反光罩及悬吊挂钩，挂钩固定在灯具的绝缘手柄上。

(2) 游泳池和类似场所灯具（水下灯及防水灯具）的等电位联结应可靠，且有明显标识，其电源的专用漏电保护装置应全部检测合格。自电源引入灯具的导管必须采用绝缘导管，严禁采用金属或有金属护层的导管。

(3) 手术台无影灯安装应符合下列规定：

1) 固定灯座的螺栓数量不少于灯具法兰底座上的固定孔数，且螺栓直径与底座孔径相适配；螺栓采用双螺母锁固；

2) 在混凝土结构上螺栓与主筋相焊接或将螺栓末端弯曲与主筋绑扎锚固；

3) 配电箱内装有专用的总开关及分路开关，电源分别接在两条专用的回路上，开关至灯具的电线采用额定电压不低于750V的铜芯多股绝缘电线。

（4）应急照明灯具安装应符合下列规定：

1）应急照明灯的电源除正常电源外，另有一路电源供电；或者是独立于正常电源的柴油发电机组供电；或由蓄电池柜供电或选用自带电源型应急灯具；

2）应急照明在正常电源断电后，电源转换时间为：疏散照明≤15s；备用照明≤15s（金融商店交易所≤1.5s）；安全照明≤0.5s；

3）疏散照明由安全出口标志灯和疏散标志灯组成。安全出口标志灯距地高度不低于2m，且安装在疏散出口和楼梯口里侧的上方；

4）疏散标志灯安装在安全出口的顶部，楼梯间、疏散走道及其转角处应安装在1m以下的墙面上。不易安装的部位可安装在上部。疏散通道上的标志灯间距不大于20m（人防工程不大于10m）；

5）疏散标志灯的设置，不影响正常通行，且不在其周围设置容易混同疏散标志灯的其他标志牌等；

6）应急照明灯具、运行中温度大于60℃的灯具，当靠近可燃物时，采取隔热、散热等防火措施。当采用白炽灯、卤钨灯等光源时，不直接安装在可燃装修材料或可燃物件上；

7）应急照明线路在每个防火分区有独立的应急照明回路，穿越不同防火分区的线路有防火隔堵措施；

8）疏散照明线路采用耐火电线、电缆，穿管明敷或在非燃烧体内穿刚性导管暗敷，暗敷保护层厚度不小于30mm。电线采用额定电压不低于750V的铜芯绝缘电线。

（5）防爆灯具安装应符合下列规定：

1）灯具的防爆标志、外壳防护等级和温度组别与爆炸危险环境相适配。当设计无要求时，灯具种类和防爆结构的选型应符合表3-18-1的规定；

灯具种类和防爆结构的选型　　　　　表 3-18-1

爆炸危险区域 防爆结构 照明设备种类	Ⅰ 区		Ⅱ 区	
	隔爆型 d	增安型 e	隔爆型 d	增安型 e
固定式灯	○	×	○	○
移动式灯	△	—	—	—
携带式电池灯	○	—	—	—
镇 流 器	○	△	○	○

注：○为适用；△为慎用；×为不适用。

2）灯具配套齐全，不用非防爆零件替代灯具配件（金属护网、灯罩、接线盒等）；

3）灯具的安装位置离开释放源，且不在各种管道的泄压口及排放口上下方安装灯具；

4）灯具及开关安装牢固可靠，灯具吊管及开关与接线盒螺纹啮合扣数不少于 5 扣，螺纹加工光滑、完整、无锈蚀，并在螺纹上涂以电力复合酯或导电性防锈酯；

5）开关安装位置便于操作，安装高度 1.3m。

3.18.2　一般项目

（1）36V 及以下行灯变压器和行灯安装应符合下列规定：

1）行灯变压器的固定支架牢固，油漆完整；

2）携带式局部照明灯电线采用橡套软线。

（2）手术台无影灯安装应符合下列规定：

1）底座紧贴顶板，四周无缝隙；

2）表面保持整洁、无污染，灯具镀、涂层完整无划伤。

（3）应急照明灯具安装应符合下列规定：

1）疏散照明采用荧光灯或白炽灯；安全照明采用卤钨灯，或采用瞬时可靠点燃的荧光灯；

2）安全出口标志灯和疏散标志灯装有玻璃或非燃材料的保护罩，面板亮度均匀度为 1：10（最低：最高），保护罩应完整、无裂纹。

（4）防爆灯具安装应符合下列规定：

1）灯具及开关的外壳完整，无损伤、无凹陷或沟槽，灯罩无裂纹，金属护网无扭曲变形，防爆标志清晰；

2）灯具及开关的紧固螺栓无松动、锈蚀，密封垫圈完好。

3.19 建筑物景观照明灯、航空障碍标志灯和庭院灯安装

3.19.1 主控项目

（1）建筑物彩灯安装应符合下列规定：

1）建筑物顶部彩灯采用有防雨性能的专用灯具，灯罩要拧紧；

2）彩灯配线管路按明配管敷设，且有防雨功能。管路间、管路与灯头盒间螺纹连接，金属导管及彩灯的构架、钢索等可接近裸露导体接地（PE）或接零（PEN）可靠；

3）垂直彩灯悬挂挑臂采用不小于 $10^{\#}$ 的槽钢。端部吊挂钢索用的吊钩螺栓直径不小于 10mm，螺栓在槽钢上固定，两侧有螺帽，且加平垫及弹簧垫圈紧固；

4）悬挂钢丝绳直径不小于 4.5mm，底把圆钢直径不小于 16mm，地锚采用架空外线用拉线盘，埋设深度大于 1.5m；

5）垂直彩灯采用防水吊线灯头，下端灯头距离地面高于 3m。

（2）霓虹灯安装应符合下列规定：

1）霓虹灯管完好，无破裂；

2）灯管采用专用的绝缘支架固定，且牢固可靠。灯管固定后，与建筑物、构筑物表面的距离不小于 20mm；

3）霓虹灯专用变压器采用双圈式，所供灯管长度不大于允许负载长度，露天安装的有防雨措施；

4）霓虹灯专用变压器的二次电线和灯管间的连接线采用额定电压大于 15kV 的高压绝缘电线。二次电线与建筑物、构筑物表面的距离不小于 20mm。

(3) 建筑物景观照明灯具安装应符合下列规定：

1) 每套灯具的导电部分对地绝缘电阻值大于 **2MΩ**；

2) 在人行道等人员来往密集场所安装的落地式灯具，无围栏防护，安装高度距地面 **2.5m** 以上；

3) 金属构架和灯具的可接近裸露导体及金属软管的接地 **(PE)** 或接零 **(PEN)** 可靠，且有标识。

（4）航空障碍标志灯安装应符合下列规定：

1）灯具装设在建筑物或构筑物的最高部位。当最高部位平面面积较大或为建筑群时，除在最高端装设外，还在其外侧转角的顶端分别装设灯具；

2）当灯具在烟囱顶上装设时，安装在低于烟囱口 1.5～3m 的部位且呈正三角形水平排列；

3）灯具的选型根据安装高度决定；低光强的（距地面 60m 以下装设时采用）为红色光，其有效光强大于 1600cd。高光强的（距地面 150m 以上装设时采用）为白色光，有效光强随背景亮度而定；

4）灯具的电源按主体建筑中最高负荷等级要求供电；

5）灯具安装牢固可靠，且设置维修和更换光源的措施。

（5）庭院灯安装应符合下列规定：

1）每套灯具的导电部分对地绝缘电阻值大于 2MΩ；

2）立柱式路灯、落地式路灯、特种园艺灯等灯具与基础固定可靠，地脚螺栓备帽齐全。灯具的接线盒或熔断器盒，盒盖的防水密封垫完整。

3）金属立柱及灯具可接近裸露导体接地（PE）或接零（PEN）可靠。接地线单设干线，干线沿庭院灯布置位置形成环网状，且不少于 2 处与接地装置引出线连接。由干线引出支线与金属灯柱及灯具的接地端子连接，且有标识。

3.19.2 一般项目

（1）建筑物彩灯安装应符合下列规定：

1）建筑物顶部彩灯灯罩完整，无碎裂；

2）彩灯电线导管防腐完好，敷设平整、顺直。

（2）霓虹灯安装应符合下列规定：

1）当霓虹灯变压器明装时，高度不小于 3m；低于 3m 采取防护措施；

2）霓虹灯变压器的安装位置方便检修，且隐蔽在不易被非检修人触及的场所，不装在吊平顶内；

3）当橱窗内装有霓虹灯时，橱窗门与霓虹灯变压器一次侧开关有联锁装置，确保开门不接通霓虹灯变压器的电源；

4）霓虹灯变压器二次侧的电线采用玻璃制品绝缘支持物固定，支持点距离不大于下列数值：

水平线段：0.5m；

垂直线段：0.75m。

（3）建筑物景观照明灯具构架应固定可靠，地脚螺栓拧紧，备帽齐全；灯具的螺栓紧固、无遗漏。灯具外露的电线或电缆应有柔性金属导管保护；

（4）航空障碍标志灯安装应符合下列规定：

1）同一建筑物或建筑群灯具间的水平、垂直距离不大于 45m；

2）灯具的自动通、断电源控制装置动作准确。

（5）庭院灯安装应符合下列规定：

1）灯具的自动通、断电源控制装置动作准确，每套灯具熔断器盒内熔丝齐全，规格与灯具适配；

2）架空线路电杆上的路灯，固定可靠，紧固件齐全、拧紧，灯位正确；每套灯具配有熔断器保护。

3.20 开关、插座、风扇安装

3.20.1 主控项目

（1）当交流、直流或不同电压等级的插座安装在同一场所时，应有明显的区别，且必须选择不同结构、不同规格和不能互换的插座；配套的插头应按交流、直流或不同电压等级区别使用。

（2）插座接线应符合下列规定：

1）单相两孔插座，面对插座的右孔或上孔与相线连接，左孔或下孔与零线连接；单相三孔插座，面对插座的右孔与相线连接，左孔与零线连接；

2）单相三孔、三相四孔及三相五孔插座的接地（PE）或接零（PEN）线接在上孔。插座的接地端子不与零线端子连接。同一场所的三相插座，接线的相序一致。

3）接地（PE）或接零（PEN）线在插座间不串联连接。

（3）特殊情况下插座安装应符合下列规定：

1）当接插有触电危险家用电器的电源时，采用能断开电源的带开关插座，开关断开相线；

2）潮湿场所采用密封型并带保护地线触头的保护型插座，安装高度不低于 1.5m。

（4）照明开关安装应符合下列规定：

1）同一建筑物、构筑物的开关采用同一系列的产品，开关的通断位置一致，操作灵活、接触可靠；

2）相线经开关控制；民用住宅无软线引至床边的床头开关。

（5）吊扇安装应符合下列规定：

1）吊扇挂钩安装牢固，吊扇挂钩的直径不小于吊扇挂销直径，且不小于 8mm；有防振橡胶垫；挂销的防松零件齐全、可靠；

2）吊扇扇叶距地高度不小于 2.5m；

3）吊扇组装不改变扇叶角度，扇叶固定螺栓防松零件齐全；

4）吊杆间、吊杆与电动机间螺纹连接，啮合长度不小于 20mm，且防松零件齐全紧固；

5）吊扇接线正确，当运转时扇叶无明显颤动和异常声响。

（6）壁扇安装应符合下列规定：

1）壁扇底座采用尼龙塞或膨胀螺栓固定；尼龙塞或膨胀螺栓的数量不少于 2 个，且直径不小于 8mm。固定牢固可靠；

2）壁扇防护罩扣紧，固定可靠，当运转时扇叶和防护罩无明显颤动和异常声响。

3.20.2 一般项目

（1）插座安装应符合下列规定：

1）当不采用安全型插座时，托儿所、幼儿园及小学等儿童活动场所安装高度不小于1.8m；

2）暗装的插座面板紧贴墙面，四周无缝隙，安装牢固，表面光滑整洁、无碎裂、划伤，装饰帽齐全；

3）车间及试（实）验室的插座安装高度距地面不小于0.3m；特殊场所暗装的插座不小于0.15m；同一室内插座安装高度一致；

4）地插座面板与地面齐平或紧贴地面，盖板固定牢固，密封良好。

（2）照明开关安装应符合下列规定：

1）开关安装位置便于操作，开关边缘距门框边缘的距离0.15～0.2m，开关距地面高度1.3m；拉线开关距地面高度2～3m，层高小于3m时，拉线开关距顶板不小于100mm，拉线出口垂直向下；

2）相同型号并列安装及同一室内开关安装高度一致，且控制有序不错位。并列安装的拉线开关的相邻间距不小于20mm；

3）暗装的开关面板应紧贴墙面，四周无缝隙，安装牢固，表面光滑整洁、无碎裂、划伤，装饰帽齐全。

（3）吊扇安装应符合下列规定：

1）涂层完整，表面无划痕、无污染，吊杆上下扣碗安装牢固到位；

2）同一室内并列安装的吊扇开关高度一致，且控制有序不错位。

（4）壁扇安装应符合下列规定：

1）壁扇下侧边缘距地面高度不小于1.8m；

2）涂层完整，表面无划痕、无污染，防护罩无变形。

3.21 建筑物照明通电试运行

主控项目

（1）照明系统通电，灯具回路控制应与照明配电箱及回路的标识一致；开关与灯具控制顺序相对应，风扇的转向及调速开关应正常。

（2）公用建筑照明系统通电连续试运行时间应为 24h，民用住宅照明系统通电连续试运行时间应为 8h。所有照明灯具均应开启，且每 2h 记录运行状态 1 次，连续试运行时间内无故障。

3.22 接地装置安装

3.22.1 主控项目

（1）人工接地装置或利用建筑物基础钢筋的接地装置必须在地面以上按设计要求位置设测试点。

（2）测试接地装置的接地电阻值必须符合设计要求。

（3）防雷接地的人工接地装置的接地干线埋设，经人行通道处埋地深度不应小于 1m，且应采取均压措施或在其上方铺设卵石或沥青地面。

（4）接地模块顶面埋深不应小于 0.6m，接地模块间距不应小于模块长度的 3～5 倍。接地模块埋设基坑，一般为模块外形尺寸的 1.2～1.4 倍，且在开挖深度内详细记录地层情况。

（5）接地模块应垂直或水平就位，不应倾斜设置，保持与原土层接触良好。

3.22.2 一般项目

（1）当设计无要求时，接地装置顶面埋设深度不应小于 0.6m。圆钢、角钢及钢管接地极应垂直埋入地下，间距不应小于 5m。接地装置的焊接应采用搭接焊，搭接长度应符合下列规定：

1）扁钢与扁钢搭接为扁钢宽度的 2 倍，不少于三面施焊；

2）圆钢与圆钢搭接为圆钢直径的 6 倍，双面施焊；

3）圆钢与扁钢搭接为圆钢直径的 6 倍，双面施焊；

4）扁钢与钢管，扁钢与角钢焊接，紧贴角钢外侧两面，或紧贴 3/4 钢管表面，上下两侧施焊；

5）除埋设在混凝土中的焊接接头外，有防腐措施。

（2）当设计无要求时，接地装置的材料采用为钢材，热浸镀锌处理，最小允许规格、尺寸应符合表 3-22-1 的规定：

最小允许规格、尺寸   表 3-22-1

种类、规格及单位		敷设位置及使用类别			
		地　　上		地　　下	
		室　内	室　外	交流电流回路	直流电流回路
圆钢直径（mm）		6	8	10	12
扁钢	截面（mm²）	60	100	100	100
	厚度（mm）	3	4	4	6
角钢厚度（mm）		2	2.5	4	6
钢管管壁厚度（mm）		2.5	2.5	3.5	4.5

（3）接地模块应集中引线，用干线把接地模块并联焊接成一个环路，干线的材质与接地模块焊接点的材质应相同，钢制的采用热浸镀锌扁钢，引出线不少于 2 处。

3.23 避雷引下线和变配电室接地干线敷设

3.23.1 主控项目

（1）暗敷在建筑物抹灰层内的引下线应有卡钉分段固定；明敷的引下线应平直、无急弯，与支架焊接处，油漆防腐，且无遗漏。

（2）变压器室、高低压开关室内的接地干线应有不少于 2 处与接地装置引出干线连接。

（3）当利用金属构件、金属管道做接地线时，应在构件或管道与接地干线间焊接金属跨接线。

3.23.2 一般项目

（1）钢制接地线的焊接连接应符合 3.22.2 中第（1）条的规定，材料采用及最小允许规格、尺寸应符合 3.22.2 第（2）条的规定。

（2）明敷接地引下线及室内接地干线的支持件间距应均匀，水平直线部分 0.5～1.5m；垂直直线部分 1.5～3m；弯曲部分 0.3～0.5m。

（3）接地线在穿越墙壁、楼板和地坪处应加套钢管或其他坚固的保护套管，钢套管应与接地线做电气连通。

（4）变配电室内明敷接地干线安装应符合下列规定：

1）便于检查，敷设位置不妨碍设备的拆卸与检修；

2）当沿建筑物墙壁水平敷设时，距地面高度 250～300mm；与建筑物墙壁间的间隙 10～15mm；

3）当接地线跨越建筑物变形缝时，设补偿装置；

4）接地线表面沿长度方向，每段为 15～100mm，分别涂以黄色和绿色相间的条纹；

5）变压器室、高压配电室的接地干线上应设置不少于 2 个供临时接地用的接线柱或接地螺栓。

（5）当电缆穿过零序电流互感器时，电缆头的接地线应通过零序电流互感器后接地；由电缆头至穿过零序电流互感器的一段电缆金属护层和接地线应对地绝缘。

（6）配电间隔和静止补偿装置的栅栏门及变配电室金属门铰链处的接地连接，应采用编织铜线。变配电室的避雷器应用最短的接地线与接地干线连接。

（7）设计要求接地的幕墙金属框架和建筑物的金属门窗，应就近与接地干线连接可靠，连接处不同金属间应有防电化腐蚀措施。

3.24 接闪器安装

3.24.1 主控项目

建筑物顶部的避雷针、避雷带等必须与顶部外露的其他金属物体连成一个整体的电气通路，且与避雷引下线连接可靠。

3.24.2 一般项目

（1）避雷针、避雷带应位置正确，焊接固定的焊缝饱满无遗漏，螺栓固定的应备帽等防松零件齐全，焊接部分补刷的防腐油漆完整。

（2）避雷带应平正顺直，固定点支持件间距均匀、固定可靠，每个支持件应能承受大于 49N（5kg）的垂直拉力。当设计无要求时，支持件间距符合 3.23.2 第（2）条的规定。

3.25 建筑物等电位联结

3.25.1 主控项目

（1）建筑物等电位联结干线应从与接地装置有不少于 2 处直接连接的接地干线或总等电位箱引出，等电位联结干线或局部等电位箱间的连接线形成环形网路，环形网路应就近与等电位联结干线或局部等电位箱连接。支线间不应串联连接。

（2）等电位联结的线路最小允许截面应符合表 3-25-1 的规定：

线路最小允许截面（mm²）　　　　　　表 3-25-1

材　料	截　面	
	干　线	支　线
铜	16	6
钢	50	16

3.25.2 一般项目

（1）等电位联结的可接近裸露导体或其他金属部件、构件与支线连接应可靠，熔焊、钎焊或机械紧固导通正常。

（2）需等电位联结的高级装修金属部件或零件，应有专用接线螺栓与等电位联结支线连接，且有标识；连接处螺帽紧固、防松零件齐全。

3.26 分部（子分部）工程验收

（1）当建筑电气分部工程施工质量检验时，检验批的划分应符合下列规定：

1）室外电气安装工程中分项工程的检验批，依据庭院大小、投运时间先后、功能区块不同划分；

2）变配电室安装工程中分项工程的检验批，主变配电室为1个检验批；有数个分变配电室，且不属于子单位工程的子分部工程，各为1个检验批，其验收记录汇入所有变配电室有关分项工程的验收记录中；如各分变配电室属于各子单位工程的子分部工程，所属分项工程各为1个检验批，其验收记录应为一个分项工程验收记录，经子分部工程验收记录汇入分部工程验收记录中。

3）供电干线安装工程分项工程的检验批，依据供电区段和电气线缆竖井的编号划分；

4）电气动力和电气照明安装工程中分项工程及建筑物等电位联结分项工程的检验批，其划分的界区，应与建筑土建工程一致；

5）备用和不间断电源安装工程中分项工程各自成为1个检验批；

6）防雷及接地装置安装工程中分项工程检验批，人工接地装置和利用建筑物基础钢筋的接地体各为1个检验批，大型基础可按区块划分成几个检验批；避雷引下线安装6层以下的建筑为1个检验批，高层建筑依均压环设置间隔的层数为1个检验批；接闪器安装同一屋面为1个检验批。

（2）当验收建筑电气工程时，应核查下列各项质量控制资料，且检查分项工程质量验收记录和分部（子分部）质量验收记录应正确，责任单位和责任人的签章齐全。

1）建筑电气工程施工图设计文件和图纸会审记录及洽商记录；

2）主要设备、器具、材料的合格证和进场验收记录；

3）隐蔽工程记录；

4）电气设备交接试验记录；

5）接地电阻、绝缘电阻测试记录；

6）空载试运行和负荷试运行记录；

7）建筑照明通电试运行记录；

8）工序交接合格等施工安装记录。

（3）根据单位工程实际情况，检查建筑电气分部（子分部）工程所含分项工程的质量验收记录应无遗漏缺项。

（4）当单位工程质量验收时，建筑电气分部（子分部）工程实物质量的抽检部位如下，且抽检结果应符合本规范规定。

1）大型公用建筑的变配电室，技术层的动力工程，供电干线的竖井，建筑顶部的防雷工程，重要的或大面积活动场所的照明工程，以及5％自然间的建筑电气动力、照明工程；

2）一般民用建筑的配电室和5％自然间的建筑电气照明工程，以及建筑顶部的防雷工程；

3）室外电气工程以变配电室为主，且抽检各类灯具的5％。

（5）核查各类技术资料应齐全，且符合工序要求，有可追溯性；各责任人均应签章确认。

（6）为方便检测验收，高低压配电装置的调整试验应提前通知监理和有关监督部门，实行旁站确认。变配电室通电后可抽测的项目主要是：各类电源自动切换或通断装置、馈电线路的绝缘电阻、接地（PE）或接零（PEN）的导通状态、开关插座的接线正确性、漏电保护装置的动作电流和时间、接地装置的接地电阻和由照明设计确定的照度等。抽测的结果应符合本规范规定和设计要求。

（7）检验方法应符合下列规定：

1）电气设备、电缆和继电保护系统的调整试验结果，查阅试验记录或试验时旁站；

2）空载试运行和负荷试运行结果，查阅试运行记录或试运行时旁站；

3）绝缘电阻、接地电阻和接地（PE）或接零（PEN）导通状态及插座接线正确性的测试结果，查阅测试记录或测试时旁站或用适配仪表进行抽测；

4）漏电保护装置动作数据值，查阅测试记录或用适配仪表进行抽测；

5）负荷试运行时大电流节点温升测量用红外线遥测温度仪抽测或查阅负荷试运行记录；

6）螺栓紧固程度用适配工具做拧动试验；有最终拧紧力矩要求的螺栓用扭力扳手抽测；

7）需吊芯、抽芯检查的变压器和大型电动机，吊芯、抽芯时旁站或查阅吊芯、抽芯记录；

8）需做动作试验的电气装置，高压部分不应带电试验，低压部分无负荷试验；

9）水平度用铁水平尺测量，垂直度用线锤吊线尺量，盘面平整度拉线尺量，各种距离的尺寸用塞尺、游标卡尺、钢尺、塔尺或采用其他仪器仪表等测量；

10）外观质量情况目测检查；

11）设备规格型号、标志及接线，对照工程设计图纸及其变更文件检查。

附录 A　发电机交接试验

发电机交接试验　　　　　　　　附表 A-1

序号	内容 部位		试验内容	试验结果
1	静态试验	定子电路	测量定子绕组的绝缘电阻和吸收比	绝缘电阻值大于 0.5MΩ 沥青浸胶及烘卷云母绝缘吸收比大于 1.3 环氧粉云母绝缘吸收比大于 1.6
2			在常温下，绕组表面温度与空气温度差在±3℃范围内测量各相直流电阻	各相直流电阻值相互间差值不大于最小值 2%，与出厂值在同温度下比差值不大于 2%
3			交流工频耐压试验 1min	试验电压为 1.5Un＋750V，无闪络击穿现象，Un 为发电机额定电压

序号	部位 内容		试验内容	试验结果
4	静态试验	转子电路	用1000V兆欧表测量转子绝缘电阻	绝缘电阻值大于0.5MΩ
5			在常温下，绕组表面温度与空气温度差在±3℃范围内测量绕组直流电阻	数值与出厂值在同温度下比差值不大于2%
6			交流工频耐压试验1min	用2500V摇表测量绝缘电阻替代
7		励磁电路	退出励磁电路电子器件后，测量励磁电路的线路设备的绝缘电阻	绝缘电阻值大于0.5MΩ
8			退出励磁电路电子器件后，进行交流工频耐压试验1min	试验电压1000V，无击穿闪络现象
9		其他	有绝缘轴承的用1000V兆欧表测量轴承绝缘电阻	绝缘电阻值大于0.5MΩ
10			测量检温计（埋入式）绝缘电阻，校验检温计精度	用250V兆欧表检测不短路，精度符合出厂规定
11			测量灭磁电阻，自同步电阻器的直流电阻	与铭牌相比较，其差值为±10%
12	运转试验		发电机空载特性试验	按设备说明书比对，符合要求
13			测量相序	相序与出线标识相符
14			测量空载和负荷后轴电压	按设备说明书比对，符合要求

附录B 低压电器交接试验

低压电器交接试验 附表B-1

序号	试验内容	试验标准或条件
1	绝缘电阻	用500V兆欧表摇测，绝缘电阻值≥1MΩ；潮湿场所，绝缘电阻≥0.5MΩ
2	低压电器动作情况	除产品另有规定外，电压、液压或气压在额定值的85%～110%范围内能可靠动作
3	脱扣器的整定值	整定值误差不得超过产品技术条件的规定
4	电阻器和变阻器的直流电阻差值	符合产品技术条件规定

母线螺栓搭接尺寸

搭接形式	类别	序号	连接尺寸（mm）				钻孔要求		螺栓规格
			b_1	b_2	a		ϕ (mm)	个数	
	直线连接	1	125	125	b_1 或 b_2		21	4	M20
		2	100	100	b_1 或 b_2		17	4	M16
		3	80	80	b_1 或 b_2		13	4	M12
		4	63	63	b_1 或 b_2		11	4	M10
		5	50	50	b_1 或 b_2		9	4	M8
		6	45	45	b_1 或 b_2		9	4	M8
	直线连接	7	40	40	80		13	2	M12
		8	31.5	31.5	63		11	2	M10
		9	25	25	50		9	2	M8

244

类别	序号	连接尺寸（mm） b₁	连接尺寸（mm） b₂	连接尺寸（mm） a	钻孔要求 φ(mm)	钻孔要求 个数	螺栓规格
垂直连接	10	125	125	—	21	4	M20
垂直连接	11	125	100~80	—	17	4	M16
垂直连接	12	125	63	—	13	4	M12
垂直连接	13	100	100~80	—	17	4	M16
垂直连接	14	80	80~63	—	13	4	M12
垂直连接	15	63	63~50	—	11	4	M10
垂直连接	16	50	50	—	9	4	M8
垂直连接	17	45	45	—	9	4	M8
垂直连接	18	125	50~40	—	17	2	M16
垂直连接	19	100	63~40	—	17	2	M16
垂直连接	20	80	63~40	—	15	2	M14
垂直连接	21	63	50~40	—	13	2	M12
垂直连接	22	50	45~40	—	11	2	M10
垂直连接	23	63	31.5~25	—	11	2	M10
垂直连接	24	50	31.5~25	—	9	2	M8

搭接形式

搭接形式	类别	序号	连接尺寸（mm）			钻孔要求		螺栓规格
			b_1	b_2	a	ϕ (mm)	个数	
	垂直连接	25	125	31.5~25	60	11	2	M10
		26	100	31.5~25	50	9	2	M8
		27	80	31.5~25	50	9	2	M8
	垂直连接	28	40	40~31.5	—	13	1	M12
		29	40	25	—	11	1	M10
		30	31.5	31.5~25	—	11	1	M10
		31	25	22	—	9	1	M8

附录 D 母线搭接螺栓的拧紧力矩

母线搭接螺栓的拧紧力矩
附表 D-1

序号	螺栓规格	力矩值（N·m）
1	M8	8.8～10.8
2	M10	17.7～22.6
3	M12	31.4～39.2
4	M14	51.0～60.8
5	M16	78.5～98.1
6	M18	98.0～127.4
7	M20	156.9～196.2
8	M24	274.6～343.2

附录 E 室内裸母线最小安全净距

室内裸母线最小安全净距（mm）
附表 E-1

符号	适用范围	图号	额定电压（kV）			
			0.4	1～3	6	10
A_1	1. 带电部分至接地部分之间 2. 网状和板状遮栏向上延伸线距地2.3m处与遮栏上方带电部分之间	附图 E-1	20	75	100	125
A_2	1. 不同相的带电部分之间 2. 断路器和隔离开关的断口两侧带电部分之间	附图 E-1	20	75	100	125
B_1	1. 栅状遮栏至带电部分之间 2. 交叉的不同时停电检修的无遮栏带电部分之间	附图 E-1 附图 E-2	800	825	850	875
B_2	网状遮栏至带电部分之间	附图 E-1	100	175	200	225
C	无遮栏裸导体至地（楼）面之间	附图 E-1	2300	2375	2400	2425
D	平行的不同时停电检修的无遮栏裸导体之间	附图 E-1	1875	1875	1900	1925
E	通向室外的出线套管至室外通道的路面	附图 E-2	3650	4000	4000	4000

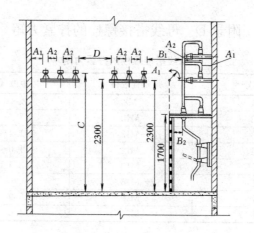

附图 E-1　室内 A_1、A_2、B_1、B_2、C、D 值校验

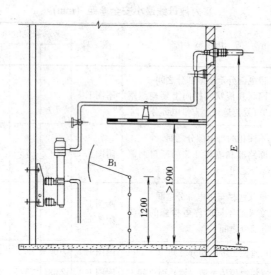

附图 E-2　室内 B_1、E 值校验

4. 电 梯 工 程

4.1 验收要求

（1）电梯安装工程施工质量控制应符合下列规定：

1）电梯安装前应按本章进行土建交接检验，可按附录 A 附表 A-1 记录。

2）电梯安装前应按本章进行电梯设备进场验收，可按附录 B 附表 B-1 记录。

3）电梯安装的各分项工程应按企业标准进行质量控制，每个分项工程应有自检记录。

（2）电梯安装工程质量验收应符合下列规定：

1）参加安装工程施工和质量验收人员应具备相应的资格。

2）承担有关安全性能检测的单位，必须具有相应资质。仪器设备应满足精度要求，并应在检定有效期内。

3）分项工程质量验收均应在电梯安装单位自检合格的基础上进行。

4）分项工程质量应分别按主控项目和一般项目检查验收。

5）隐蔽工程应在电梯安装单位检查合格后，于隐蔽前通知有关单位检查验收，并形成验收文件。

4.2 电力驱动的曳引式或强制式电梯安装工程质量验收

4.2.1 设备进场验收

4.2.1.1 主控项目

随机文件必须包括下列资料：

1）土建布置图；

2）产品出厂合格证；

3）门锁装置、限速器、安全钳及缓冲器的型式试验证书复印件。

4.2.1.2　一般项目

（1）随机文件还应包括下列资料：

1）装箱单；

2）安装、使用维护说明书；

3）动力电路和安全电路的电气原理图。

（2）设备零部件应与装箱单内容相符。

（3）设备外观不应存在明显的损坏。

4.2.2　土建交接检验

4.2.2.1　主控项目

（1）机房（如果有）内部、井道土建（钢架）结构及布置必须符合电梯土建布置图的要求。

（2）主电源开关必须符合下列规定：

1）主电源开关应能够切断电梯正常使用情况下最大电流；

2）对有机房电梯该开关应能从机房入口处方便地接近；

3）对无机房电梯该开关应设置在井道外工作人员方便接近的地方，且应具有必要的安全防护。

（3）井道必须符合下列规定：

1）当底坑底面下有人能到达的空间存在，且对重（或平衡重）上未设有安全钳装置时，对重缓冲器必须能安装在（或平衡重运行区域的下边必须）一直延伸到坚固地面上的实心桩墩上；

2）电梯安装之前，所有层门预留孔必须设有高度不小于**1.2m**的安全保护围封，并应保证有足够的强度；

3）当相邻两层门地坎间的距离大于**11m**时，其间必须设置井道安全门，井道安全门严禁向井道内开启，且必须装有安全门处于关闭时电梯才能运行的电气安全装置。当相邻轿厢间有相互救援用轿厢安全门时，可不执行本款。

4.2.2.2　一般项目

（1）机房（如果有）还应符合下列规定：

1）机房内应设有固定的电气照明，地板表面上的照度不应小于200lx。机房内应设置一个或多个电源插座。在机房内靠近入口的适当高度处应设有一个开关或类似装置控制机房照明电源。

2）机房内应通风，从建筑物其他部分抽出的陈腐空气，不得排入机房内。

3）应根据产品供应商的要求，提供设备进场所需要的通道和搬运空间。

4）电梯工作人员应能方便地进入机房或滑轮间，而不需要临时借助于其他辅助设施。

5）机房应采用经久耐用且不易产生灰尘的材料建造，机房内的地板应采用防滑材料。

注：此项可在电梯安装后验收。

6）在一个机房内，当有两个以上不同平面的工作平台，且相邻平台高度差大于0.5m时，应设置楼梯或台阶，并应设置高度不小于0.9m的安全防护栏杆。当机房地面有深度大于0.5m的凹坑或槽坑时，均应盖住。供人员活动空间和工作台面以上的净高度不应小于1.8m。

7）供人员进出的检修活板门应有不小于0.8m×0.8m的净通道，开门到位后应能自行保持在开启位置。检修活板门关闭后应能支撑两个人的重量（每个人按在门的任意0.2m×0.2m面积上作用1000N的力计算），不得有永久性变形。

8）门或检修活板门应装有带钥匙的锁，它应从机房内不用钥匙打开。只供运送器材的活板门，可只在机房内部锁住。

9）电源零线和接地线应分开。机房内接地装置的接地电阻值不应大于4Ω。

10）机房应有良好的防渗、防漏水保护。

（2）井道还应符合下列规定：

1) 井道尺寸是指垂直于电梯设计运行方向的井道截面沿电梯设计运行方向投影所测定的井道最小净空尺寸，该尺寸应和土建布置图所要求的一致，允许偏差应符合下列规定：

① 当电梯行程高度不大于 30m 时为 0～+25mm；

② 当电梯行程高度大于 30m 且不大于 60m 时为 0～+35mm；

③ 当电梯行程高度大于 60m 且不大于 90m 时为 0～+50mm；

④ 当电梯行程高度大于 90m 时，允许偏差应符合土建布置图要求。

2) 全封闭或部分封闭的井道，井道的隔离保护、井道壁、底坑底面和顶板应具有安装电梯部件所需要的足够强度，应采用非燃烧材料建造，且应不易产生灰尘。

3) 当底坑深度大于 2.5m 且建筑物布置允许时，应设置一个符合安全门要求的底坑进口；当没有进入底坑的其他通道时，应设置一个从层门进入底坑的永久性装置，且此装置不得凸入电梯运行空间。

4) 井道应为电梯专用，井道内不得装设与电梯无关的设备、电缆等。井道可装设采暖设备，但不得采用蒸汽和水作为热源，且采暖设备的控制与调节装置应装在井道外面。

5) 井道内应设置永久性电气照明，井道内照度应不得小于50lx，井道最高点和最低点 0.5m 以内应各装一盏灯，再设中间灯，并分别在机房和底坑设置一控制开关。

6) 装有多台电梯的井道内各电梯的底坑之间应设置最低点离底坑地面不大于 0.3m，且至少延伸到最低层站楼面以上 2.5m 高度的隔障，在隔障宽度方向上隔障与井道壁之间的间隙不应大于 150mm。

当轿顶边缘和相邻电梯运动部件（轿厢、对重或平衡重）之间的水平距离小于 0.5m 时，隔障应延长贯穿整个井道的高度。隔障的宽度不得小于被保护的运动部件（或其部分）的宽度每边再各加 0.1m。

7）底坑内应有良好的防渗、防漏水保护，底坑内不得有积水。

8）每层楼面应有水平面基准标识。

4.2.3 驱动主机

4.2.3.1 主控项目

紧急操作装置动作必须正常。可拆卸的装置必须置于驱动主机附近易接近处，紧急救援操作说明必须贴于紧急操作时易见处。

4.2.3.2 一般项目

（1）当驱动主机承重梁需埋入承重墙时，埋入端长度应超过墙厚中心至少 20mm，且支承长度不应小于 75mm。

（2）制动器动作应灵活，制动间隙调整应符合产品设计要求。

（3）驱动主机、驱动主机底座与承重梁的安装应符合产品设计要求。

（4）驱动主机减速箱（如果有）内油量应在油标所限定的范围内。

（5）机房内钢丝绳与楼板孔洞边间隙应为 20～40mm，通向井道的孔洞四周应设置高度不小于 50mm 的台缘。

4.2.4 导轨

4.2.4.1 主控项目

导轨安装位置必须符合土建布置图要求。

4.2.4.2 一般项目

（1）两列导轨顶面间的距离偏差应为：轿厢导轨 0～＋2mm；对重导轨 0～＋3mm。

（2）导轨支架在井道壁上的安装应固定可靠。预埋件应符合土建布置图要求。锚栓（如膨胀螺栓等）固定应在井道壁的混凝土构件上使用，其连接强度与承受振动的能力应满足电梯产品设计要求，混凝土构件的压缩强度应符合土建布置图要求。

（3）每列导轨工作面（包括侧面与顶面）与安装基准线每 5m 的偏差均不应大于下列数值：

轿厢导轨和设有安全钳的对重（平衡重）导轨为 0.6mm；不设安全钳的对重（平衡重）导轨为 1.0mm。

（4）轿厢导轨和设有安全钳的对重（平衡重）导轨工作面接头处不应有连续缝隙，导轨接头处台阶不应大于 0.05mm。如超过应修平，修平长度应大于 150mm。

（5）不设安全钳的对重（平衡重）导轨接头处缝隙不应大于 1.0mm，导轨工作面接头处台阶不应大于 0.15mm。

4.2.5　门系统

4.2.5.1　主控项目

（1）层门地坎至轿厢地坎之间的水平距离偏差为 0～+3mm，且最大距离严禁超过 35mm。

（2）层门强迫关门装置必须动作正常。

（3）动力操纵的水平滑动门在关门开始的 1/3 行程之后，阻止关门的力严禁超过 150N。

（4）层门锁钩必须动作灵活，在证实锁紧的电气安全装置动作之前，锁紧元件的最小啮合长度为 7mm。

4.2.5.2　一般项目

（1）门刀与层门地坎、门锁滚轮与轿厢地坎间隙不应小于 5mm。

（2）层门地坎水平度不得大于 2/1000，地坎应高出装修地面 2～5mm。

（3）层门指示灯盒、召唤盒和消防开关盒应安装正确，其面板与墙面贴实，横竖端正。

（4）门扇与门扇、门扇与门套、门扇与门楣、门扇与门口处轿壁、门扇下端与地坎的间隙，乘客电梯不应大于 6mm，载货电梯不应大于 8mm。

4.2.6　轿厢

4.2.6.1　主控项目

当距轿底面在 1.1m 以下使用玻璃轿壁时，必须在距轿底面 0.9～1.1m 的高度安装扶手，且扶手必须独立地固定，不得与玻璃有关。

4.2.6.2 一般项目

（1）当桥厢有反绳轮时，反绳轮应设置防护装置和挡绳装置。

（2）当轿顶外侧边缘至井道壁水平方向的自由距离大于 0.3m 时，轿顶应装设防护栏及警示性标识。

4.2.7 对重（平衡重）

4.2.7.1 一般项目

（1）当对重（平衡重）架有反绳轮，反绳轮应设置防护装置和挡绳装置。

（2）对重（平衡重）块应可靠固定。

4.2.8 安全部件

4.2.8.1 主控项目

（1）限速器动作速度整定封记必须完好，且无拆动痕迹。

（2）当安全钳可调节时，整定封记应完好，且无拆动痕迹。

4.2.8.2 一般项目

（1）限速器张紧装置与其限位开关相对位置安装应正确。

（2）安全钳与导轨的间隙应符合产品设计要求。

（3）轿厢在两端站平层位置时，轿厢、对重的缓冲器撞板与缓冲器顶面间的距离应符合土建布置图要求。轿厢、对重的缓冲器撞板中心与缓冲器中心的偏差不应大于20mm。

（4）液压缓冲器柱塞铅垂度不应大于 0.5%，充液量应正确。

4.2.9 悬挂装置、随行电缆、补偿装置

4.2.9.1 主控项目

（1）绳头组合必须安全可靠，且每个绳头组合必须安装防螺母松动和脱落的装置。

（2）钢丝绳严禁有死弯。

（3）当轿厢悬挂在两根钢丝绳或链条上，且其中一根钢丝绳或链条发生异常相对伸长时，为此装设的电气安全开关应动作可靠。

（4）随行电缆严禁有打结和波浪扭曲现象。

4.2.9.2 一般项目

（1）每根钢丝绳张力与平均值偏差不应大于5%。

（2）随行电缆的安装应符合下列规定：

1）随行电缆端部应固定可靠。

2）随行电缆在运行中应避免与井道内其他部件干涉。当轿厢完全压在缓冲器上时，随行电缆不得与底坑地面接触。

（3）补偿绳、链、缆等补偿装置的端部应固定可靠。

（4）对补偿绳的张紧轮，验证补偿绳张紧的电气安全开关应动作可靠。张紧轮应安装防护装置。

4.2.10 电气装置

4.2.10.1 主控项目

（1）电气设备接地必须符合下列规定：

1）所有电气设备及导管、线槽的外露可导电部分均必须可靠接地（PE）；

2）接地支线应分别直接接至接地干线接线柱上，不得互相连接后再接地。

（2）导体之间和导体对地之间的绝缘电阻必须大于$1000\Omega/V$，且其值不得小于：

1）动力电路和电气安全装置电路：$0.5M\Omega$；

2）其他电路（控制、照明、信号等）：$0.25M\Omega$。

4.2.10.2 一般项目

（1）主电源开关不应切断下列供电电路：

1）轿厢照明和通风；

2）机房和滑轮间照明；

3）机房、轿顶和底坑的电源插座；

4）井道照明；

5）报警装置。

（2）机房和井道内应按产品要求配线。软线和无护套电缆应在导管、线槽或能确保起到等效防护作用的装置中使用。护套电缆和橡套软电缆可明敷于井道或机房内使用，但不得明敷于地面。

（3）导管、线槽的敷设应整齐牢固。线槽内导线总面积不应大于线槽净面积 60%；导管内导线总面积不应大于导管内净面积 40%；软管固定间距不应大于 1m，端头固定间距不应大于 0.1m。

（4）接地支线应采用黄绿相间的绝缘导线。

（5）控制柜(屏)的安装位置应符合电梯土建布置图中的要求。

4.2.11 整机安装验收

4.2.11.1 主控项目

（1）安全保护验收必须符合下列规定：

1）必须检查以下安全装置或功能：

①断相、错相保护装置或功能

当控制柜三相电源中任何一相断开或任何二相错接时，断相、错相保护装置或功能应使电梯不发生危险故障。

注：当错相不影响电梯正常运行时可没有错相保护装置或功能。

② 短路、过载保护装置

动力电路、控制电路、安全电路必须有与负载匹配的短路保护装置；动力电路必须有过载保护装置。

③ 限速器

限速器上的轿厢（对重、平衡重）下行标志必须与轿厢（对重、平衡重）的实际下行方向相符。限速器铭牌上的额定速度、动作速度必须与被检电梯相符。限速器必须与其型式试验证书相符。

④ 安全钳

安全钳必须与其型式试验证书相符。

⑤ 缓冲器

缓冲器必须与其型式试验证书相符。

⑥ 门锁装置

门锁装置必须与其型式试验证书相符。

⑦ 上、下极限开关

上、下极限开关必须是安全触点，在端站位置进行动作试验时必须动作正常。在轿厢或对重（如果有）接触缓冲器之前必须动作，且缓冲器完全压缩时，保持动作状态。

⑧ 轿顶、机房（如果有）、滑轮间（如果有）、底坑停止装置位于轿顶、机房（如果有）、滑轮间（如果有）、底坑的停止装置的动作必须正常。

2）下列安全开关，必须动作可靠：

① 限速器绳张紧开关；

② 液压缓冲器复位开关；

③ 有补偿张紧轮时，补偿绳张紧开关；

④ 当额定速度大于 3.5m/s 时，补偿绳轮防跳开关；

⑤ 轿厢安全窗（如果有）开关；

⑥ 安全门、底坑门、检修活板门（如果有）的开关；

⑦ 对可拆卸式紧急操作装置所需要的安全开关；

⑧ 悬挂钢丝绳（链条）为两根时，防松动安全开关。

（2）限速器安全钳联动试验必须符合下列规定：

1）限速器与安全钳电气开关在联动试验中必须动作可靠，且应使驱动主机立即制动；

2）对瞬时式安全钳，轿厢应载有均匀分布的额定载重量；对渐进式安全钳，轿厢应载有均匀分布的 125% 额定载重量。当短接限速器及安全钳电气开关，轿厢以检修速度下行，人为使限速器机械动作时，安全钳应可靠动作，轿厢必须可靠制动，且轿底倾斜度不应大于 5%。

（3）层门与轿门的试验必须符合下列规定：

1）每层层门必须能够用三角钥匙正常开启；

2）当一个层门或轿门（在多扇门中任何一扇门）非正常打开时，电梯严禁启动或继续运行。

（4）曳引式电梯的曳引能力试验必须符合下列规定：

1）轿厢在行程上部范围空载上行及行程下部范围载有 125% 额定载重量下行，分别停层 3 次以上，轿厢必须可靠地制停（空载上行工况应平层）。轿厢载有 125％额定载重量以正常运行速度下行时，切断电动机与制动器供电，电梯必须可靠制动。

2）当对重完全压在缓冲器上，且驱动主机按轿厢上行方向连续运转时，空载轿厢严禁向上提升。

4.2.11.2 一般项目

（1）曳引式电梯的平衡系数应为 0.4～0.5。

（2）电梯安装后应进行运行试验；轿厢分别在空载、额定载荷工况下，按产品设计规定的每小时启动次数和负载持续率各运行 1000 次（每天不少于 8h），电梯应运行平稳、制动可靠、连续运行无故障。

（3）噪声检验应符合下列规定：

1）机房噪声：对额定速度不大于 4m/s 的电梯，不应大于 80dB（A）；对额定速度大于 4m/s 的电梯，不应大于85dB（A）。

2）乘客电梯和病床电梯运行中轿内噪声：对额定速度不大于 4m/s 的电梯，不应大于 55dB（A）；对额定速度大于4m/s的电梯，不应大于60dB（A）。

3）乘客电梯和病床电梯的开关门过程噪声不应大于 65dB（A）。

（4）平层准确度检验应符合下列规定：

1）额定速度不大于 0.63m/s 的交流双速电梯，应在 ±15mm的范围内；

2）额定速度大于 0.63m/s 且不大于 1.0m/s 的交流双速电梯，应在±30mm 的范围内；

3）其他调速方式的电梯，应在±15mm 的范围内。

（5）运行速度检验应符合下列规定：

当电源为额定频率和额定电压、轿厢载有 50％额定载荷时，向下运行至行程中段（除去加速加减速段）时的速度，不应大于额定速度的 105％，且不应小于额定速度的 92％。

（6）观感检查应符合下列规定：

1）轿门带动层门开、关运行，门扇与门扇、门扇与门套、门扇与门楣、门扇与门口处轿壁、门扇下端与地坎应无刮碰现象；

2）门扇与门扇、门扇与门套、门扇与门楣、门扇与门口处轿壁、门扇下端与地坎之间各自的间隙在整个长度上应基本一致；

3）对机房（如果有）、导轨支架、底坑、轿顶、轿内、轿门、层门及门地坎等部位应进行清理。

4.3 液压电梯安装工程质量验收

4.3.1 设备进场验收

4.3.1.1 主控项目

随机文件必须包括下列资料：

1）土建布置图；

2）产品出厂合格证；

3）门锁装置、限速器（如果有）、安全钳（如果有）及缓冲器（如果有）的型式试验合格证书复印件。

4.3.1.2 一般项目

（1）随机文件还应包括下列资料：

1）装箱单；

2）安装、使用维护说明书；

3）动力电路和安全电路的电气原理图；

4）液压系统原理图。

（2）设备零部件应与装箱单内容相符。

（3）设备外观不应存在明显的损坏。

4.3.2 土建交接检验

土建交接检验应符合 4.1.2 的规定。

4.3.3 液压系统

4.3.3.1 主控项目

液压泵站及液压顶升机构的安装必须按土建布置图进行。顶升机构必须安装牢固，缸体垂直度严禁大于 0.4‰。

4.3.3.2　一般项目

（1）液压管路应可靠联接，且无渗漏现象。

（2）液压泵站油位显示应清晰、准确。

（3）显示系统工作压力的压力表应清晰、准确。

4.3.4　导轨

导轨安装应符合 4.2.4 的规定。

4.3.5　门系统

门系统安装应符合 4.2.5 的规定。

4.3.6　轿厢

轿厢安装应符合 4.2.6 的规定。

4.3.7　平衡重

如果有平衡重，应符合 4.2.7 的规定。

4.3.8　安全部件

如果有限速器、安全钳或缓冲器，应符合 4.2.8 的有关规定。

4.3.9　悬挂装置、随行电缆

4.3.9.1　主控项目

（1）如果有绳头组合，必须符合 4.2.9.1 中第(1)条的规定。

（2）如果有钢丝绳，严禁有死弯。

（3）当轿厢悬挂在两根钢丝绳或链条上，其中一根钢丝绳或链条发生异常相对伸长时，为此装设的电气安全开关必须动作可靠。对具有两个或多个液压顶升机构的液压电梯，每一组悬挂钢丝绳均应符合上述要求。

（4）随行电缆严禁有打结和波浪扭曲现象。

4.3.9.2　一般项目

（1）如果有钢丝绳或链条，每根张力与平均值偏差不应大于 5%。

（2）随行电缆的安装还应符合下列规定：

1）随行电缆端部应固定可靠。

2）随行电缆在运行中应避免与井道内其他部件干涉。当轿厢完全压在缓冲器上时，随行电缆不得与底坑地面接触。

4.3.10 电气装置

电气装置安装应符合 4.2.10 的规定。

4.3.11 整机安装验收

4.3.11.1 主控项目

(1) 液压电梯安全保护验收必须符合下列规定：

1) 必须检查以下安全装置或功能：

① 断相、错相保护装置或功能

当控制柜三相电源中任何一相断开或任何二相错接时，断相、错相保护装置或功能应使电梯不发生危险故障。

注：当错相不影响电梯正常运行时可没有错相保护装置或功能。

② 短路、过载保护装置

动力电路、控制电路、安全电路必须有与负载匹配的短路保护装置；动力电路必须有过载保护装置。

③ 防止轿厢坠落、超速下降的装置

液压电梯必须装有防止轿厢坠落、超速下降的装置，且各装置必须与其型式试验证书相符。

④ 门锁装置

门锁装置必须与其型式试验证书相符。

⑤ 上极限开关

上极限开关必须是安全触点，在端站位置进行动作试验时必须动作正常。它必须在柱塞接触到其缓冲制停装置之前动作，且柱塞处于缓冲制停区时保持动作状态。

⑥ 机房、滑轮间（如果有）、轿顶、底坑停止装置

位于轿顶、机房、滑轮间（如果有）、底坑的停止装置的动作必须正常。

⑦ 液压油温升保护装置

当液压油达到产品设计温度时，温升保护装置必须动作，使液压电梯停止运行。

⑧ 移动轿厢的装置

在停电或电气系统发生故障时，移动轿厢的装置必须能移动

轿厢上行或下行，且下行时还必须装设防止顶升机构与轿厢运动相脱离的装置。

2）下列安全开关，必须动作可靠：

① 限速器（如果有）张紧开关；

② 液压缓冲器（如果有）复位开关；

③ 轿厢安全窗（如果有）开关；

④ 安全门、底坑门、检修活板门（如果有）的开关；

⑤ 悬挂钢丝绳（链条）为两根时，防松动安全开关。

（2）限速器（安全绳）安全钳联动试验必须符合下列规定：

1）限速器（安全绳）与安全钳电气开关在联动试验中必须动作可靠，且应使电梯停止运行。

2）联动试验时轿厢载荷及速度应符合下列规定：

① 当液压电梯额定载重量与轿厢最大有效面积符合表 4-3-1 的规定时，轿厢应载有均匀分布的额定载重量；当液压电梯额定载重量小于表 4-3-1 规定的轿厢最大有效面积对应的额定载重量时，轿厢应载有均匀分布的 125% 的液压电梯额定载重量，但该载荷不应超过表 4-3-1 规定的轿厢最大有效面积对应的额定载重量；

额定载重量与轿厢最大有效面积之间关系　　表 4-3-1

额定载重量（kg）	轿厢最大有效面积（m²）	额定载重量（kg）	轿厢最大有效面积（m²）	额定载重量（kg）	轿厢最大有效面积（m²）	额定载重量（kg）	轿厢最大有效面积（m²）
100[1]	0.37	525	1.45	900	2.20	1275	2.95
180[2]	0.58	600	1.60	975	2.35	1350	3.10
225	0.70	630	1.66	1000	2.40	1425	3.25
300	0.90	675	1.75	1050	2.50	1500	3.40
375	1.10	750	1.90	1125	2.65	1600	3.56
400	1.17	800	2.00	1200	2.80	2000	4.20
450	1.30	825	2.05	1250	2.90	2500[3]	5.00

注：1. 一人电梯的最小值；

2. 二人电梯的最小值；

3. 额定载重量超过 2500kg 时，每增加 100kg 面积增加 0.16m²，对中间的载重量其面积由线性插入法确定。

②对瞬时式安全钳，轿厢应以额定速度下行；对渐进式安全钳，轿厢应以检修速度下行。

3）当装有限速器安全钳时，使下行阀保持开启状态（直到钢丝绳松弛为止）的同时，人为使限速器机械动作，安全钳应可靠动作，轿厢必须可靠制动，且轿底倾斜度不应大于5％。

4）当装有安全绳安全钳时，使下行阀保持开启状态（直到钢丝绳松弛为止）的同时，人为使安全绳机械动作，安全钳应可靠动作，轿厢必须可靠制动，且轿底倾斜度不应大于5％。

（3）层门与轿门的试验符合下列规定：

层门与轿门的试验必须符合4.2.11中第（3）条的规定。

（4）超载试验必须符合下列规定：

当轿厢载载荷达到110％的额定载重量，且10％额定载重量的最小值按75kg计算时，液压电梯严禁启动。

4.3.11.2 一般项目

（1）液压电梯安装后应进行运行试验；轿厢在额定载重量工况下，按产品设计规定的每小时启动次数运行1000次（每天不少于8h），液压电梯应平稳、制动可靠、连续运行无故障。

（2）噪声检验应符合下列规定：

1）液压电梯的机房噪声不应大于85dB（A）；

2）乘客液压电梯和病床液压电梯运行中轿内噪声不应大于55dB（A）；

3）乘客液压电梯和病床液压电梯的开关门过程噪声不应大于65dB（A）。

（3）平层准确度检验应符合下列规定：

液压电梯平层准确度应在±15mm范围内。

（4）运行速度检验应符合下列规定：

空载轿厢上行速度与上行额定速度的差值不应大于上行额定速度的8％；载有额定载重量的轿厢下行速度与下行额定速度的差值不应大于下行额定速度的8％。

（5）额定载重量沉降量试验应符合下列规定：

载有额定载重量的轿厢停靠在最高层站时，停梯 10min，沉降量不应大于 10mm，但因油温变化而引起的油体积缩小所造成的沉降不包括在 10mm 内。

（6）液压泵站溢流阀压力检查应符合下列规定：

液压泵站上的溢流阀应设定在系统压力为满载压力的 140%～170%时动作。

（7）压力试验应符合下列规定：

轿厢停靠在最高层站，将截止阀关闭，在轿内施加 200%的额定载重量，持续 5min 后，液压系统应完好无损。

（8）观感检查应符合 4.2.11.2 中第（6）条的规定。

4.4 自动扶梯、自动人行道安装工程质量验收

4.4.1 设备进场验收

4.4.1.1 主控项目

（1）必须提供以下资料：

1）技术资料

① 梯级或踏板的型式试验报告复印件，或胶带的断裂强度证明文件复印件；

② 对公共交通型自动扶梯、自动人行道应有扶手带的断裂强度证书复印件。

2）随机文件

① 土建布置图；

② 产品出厂合格证。

4.4.1.2 一般项目

（1）随机文件还应提供以下资料：

1）装箱单；

2）安装、使用维护说明书；

3）动力电路和安全电路的电气原理图。

（2）设备零部件应与装箱单内容相符。

（3）设备外观不应存在明显的损坏。

4.4.2 土建交接检验

4.4.2.1 主控项目

（1）自动扶梯的梯级或自动人行道的踏板或胶带上空，垂直净高度严禁小于 2.3m。

（2）在安装之前，井道周围必须设有保证安全的栏杆或屏障，其高度严禁小于 1.2m。

4.4.2.2 一般项目

（1）土建工程应按照土建布置图进行施工，且其主要尺寸允许误差应为：

提升高度-15～+15mm；跨度 0～+15mm。

（2）根据产品供应商的要求应提供设备进场所需的通道和搬运空间。

（3）在安装之前，土建施工单位应提供明显的水平基准线标识。

（4）电源零线和接地线应始终分开。接地装置的接地电阻值不应大于 4Ω。

4.4.3 整机安装验收

4.4.3.1 主控项目

（1）在下列情况下，自动扶梯、自动人行道必须自动停止运行，且第 4 款至第 11 款情况下的开关断开的动作必须通过安全触点或安全电路来完成。

1）无控制电压；

2）电路接地的故障；

3）过载；

4）控制装置在超速和运行方向非操纵逆转下动作；

5）附加制动器（如果有）动作；

6）直接驱动梯级、踏板或胶带的部件（如链条或齿条）断裂或过分伸长；

7）驱动装置与转向装置之间的距离（无意性）缩短；

8）梯级、踏板或胶带进入梳齿板处有异物夹住，且产生损坏梯级、踏板或胶带支撑结构；

9）无中间出口的连续安装的多台自动扶梯、自动人行道中的一台停止运行；

10）扶手带入口保护装置动作；

11）梯级或踏板下陷。

（2）应测量不同回路导线对地的绝缘电阻。测量时，电子元件应断开。导体之间和导体对地之间的绝缘电阻应大于1000Ω/V，且其值必须大于：

1）动力电路和电气安全装置电路0.5MΩ；

2）其他电路（控制、照明、信号等）0.25MΩ。

（3）电气设备接地必须符合4.2.10.1第（1）条的规定。

4.4.3.2 一般项目

（1）整机安装检查应符合下列规定：

1）梯级、踏板、胶带的楞齿及梳齿板应完整、光滑；

2）在自动扶梯、自动人行道入口处应设置使用须知的标牌；

3）内盖板、外盖板、围裙板、扶手支架、扶手导轨、护壁板接缝应平整。接缝处的凸台不应大于0.5mm；

4）梳齿板梳齿与踏板面齿槽的啮合深度不应小于6mm；

5）梳齿板梳齿与踏板面齿槽的间隙不应小于4mm；

6）围裙板与梯级、踏板或胶带任何一侧的水平间隙不应大于4mm，两边的间隙之和不应大于7mm。当自动人行道的围裙板设置在踏板或胶带之上时，踏板表面与围裙板下端之间的垂直间隙不应大于4mm。当踏板或胶带有横向摆动时，踏板或胶带的侧边与围裙板垂直投影之间不得产生间隙。

7）梯级间或踏板间的间隙在工作区段内的任何位置，从踏面测得的两个相邻梯级或两个相邻踏板之间的间隙不应大于6mm。在自动人行道过渡曲线区段，踏板的前缘和相邻踏板的后缘啮合，其间隙不应大于8mm；

8）护壁板之间的空隙不应大于4mm。

（2）性能试验应符合下列规定：

1）在额定频率和额定电压下，梯级、踏板或胶带沿运行方向空载时的速度与额定速度之间的允许偏差为±5%；

2）扶手带的运行速度相对梯级、踏板或胶带的速度允许偏差为0～+2%。

（3）自动扶梯、自动人行道制动试验应符合下列规定：

1）自动扶梯、自动人行道应进行空载制动试验，制停距离应符合表4-4-1的规定。

制 停 距 离 表 4-4-1

额定速度	制停距离范围（m）	
（m/s）	自动扶梯	自动人行道
0.5	0.20～1.00	0.20～1.00
0.65	0.30～1.30	0.30～1.30
0.75	0.35～1.50	0.35～1.50
0.90		0.40～1.70

注：若速度在上述数值之间，制停距离用插入法计算。制停距离应从电气制动装置动作开始测量。

2）自动扶梯应进行载有制动载荷的制停距离试验（除非制停距离可以通过其他方法检验），制动载荷应符合表4-4-2规定，制停距离应符合表4-4-1的规定；对自动人行道，制造商应提供按载有表4-4-2规定的制动载荷计算的制停距离，且制停距离应符合表4-4-1的规定。

制 动 载 荷 表 4-4-2

梯级、踏板或胶带的名义宽度（m）	自动扶梯每个梯级上的载荷（kg）	自动人行道每0.4m长度上的载荷（kg）
$z \leqslant 0.6$	60	50
$0.6 < z \leqslant 0.8$	90	75
$0.8 < z \leqslant 1.1$	120	100

注：1. 自动扶梯受载的梯级数量由提升高度除以最大可见梯级踢板高度求得，在试验时允许将总制动载荷分布在所求得的2/3的梯级上；

2. 当自动人行道倾斜角度不大于6°，踏板或胶带的名义宽度大于1.1m时，宽度每增加0.3m，制动载荷应在每0.4m长度上增加25kg；

3. 当自动人行道在长度范围内有多个不同倾斜角度（高度不同）时，制动载荷应仅考虑到那些能组合成最不利载荷的水平区段和倾斜区段。

（4）电气装置还应符合下列规定：

1）主电源开关不应切断电源插座、检修和维护所必需的照明电源。

2）配线应符合 4.2.10.2 中第（2）、（3）、（4）条的规定。

（5）观感检查应符合下列规定：

1）上行和下行自动扶梯、自动人行道，梯级、踏板或胶带与围裙板之间应无刮碰现象（梯级、踏板或胶带上的导向部分与围裙板接触除外），扶手带外表面应无刮痕。

2）对梯级（踏板或胶带）、梳齿板、扶手带、护壁板、围裙板、内外盖板、前沿板及活动盖板等部位的外表面应进行清理。

4.5 分部（子分部）工程质量验收

（1）分项工程质量验收合格应符合下列规定：

1）各分项工程中的主控项目应进行全验，一般项目应进行抽验，且均应符合合格质量规定。可按附录 C 附表 C-1 记录。

2）应具有完整的施工操作依据、质量检查记录。

（2）分部（子分部）工程质量验收合格应符合下列规定：

1）子分部工程所含分项工程的质量均应验收合格且验收记录应完整。子分部可按附录 D 附表 D-1 记录；

2）分部工程所含子分部工程的质量均应验收合格。分部工程质量验收可按附录 E 附表 E-1 记录汇总；

3）质量控制资料应完整；

4）观感质量应符合本规范要求。

（3）当电梯安装工程质量不合格时，应按下列规定处理：

1）经返工重做、调整或更换部件的分项工程，应重新验收；

2）通过以上措施仍不能达到本规范要求的电梯安装工程，不得验收合格。

附录 A 土建交接检验记录表

土建交接检验记录表 附表 A-1

工程名称			
安装地点			
产品合同号/安装合同号		梯 号	
施工单位		项目负责人	
安装单位		项目负责人	
监理（建设）单位		监理工程师/ 项目负责人	
执行标准名称及编号			

检 验 项 目		检 验 结 果	
		合 格	不合格
主控项目			
一般项目			

验 收 结 论			

参加验收单位	施工单位	安装单位	监理（建设）单位
	项目负责人： 年 月 日	项目负责人： 年 月 日	监理工程师： （项目负责人） 年 月 日

270

附录 B 设备进场验收记录表

设备进场验收记录表 附表 B-1

工程名称				
安装地点				
产品合同号/安装合同号		梯　号		
电梯供应商		代　表		
安装单位		项目负责人		
监理（建设）单位		监理工程师/项目负责人		
执行标准名称及编号				

检　验　项　目		检　验　结　果	
		合　格	不合格
主控项目			
一般项目			

验　收　结　论			
参加验收单位	电梯供应商	安装单位	监理（建设）单位
	代表： 年　月　日	项目负责人： 年　月　日	监理工程师： （项目负责人） 年　月　日

附录 C 分项工程质量验收记录表

分项工程质量验收记录表   附表 C-1

工程名称				
安装地点				
产品合同号/安装合同号		梯　号		
安装单位		项目负责人		
监理（建设）单位		监理工程师/项目负责人		
执行标准名称及编号				

检　验　项　目		检　验　结　果	
		合　格	不合格
主控项目			
一般项目			

验　收　结　论		
参加验收单位	安装单位	监理（建设）单位
	项目负责人： 　　　　年　月　日	监理工程师： （项目负责人） 　　　　　　　　年　月　日

272

附录 D 子分部工程质量验收记录表

子分部工程质量验收记录表 附表 D-1

工程名称				
安装地点				
产品合同号/安装合同号		梯 号		
安装单位		项目负责人		
监理（建设）单位		监理工程师/项目负责人		

序号	分项工程名称	检 验 结 果	
		合 格	不合格

验 收 结 论		
参加验收单位	安装单位	监理（建设）单位
	项目负责人：　　　　　年　月　日	总监理工程师：（项目负责人）　　　　　　　　　年　月　日

273

附录 E 分部工程质量验收记录表

分部工程质量验收记录表 附表 **E-1**

工程名称					
安装地点					
监理（建设）单位			监理工程师/项目负责人		
子分部工程名称			检 验 结 果		
			合 格	不合格	
合同号	梯 号	安装单位			
验 收 结 论					
监理（建设）单位					

总监理工程师：
（项目负责人）
年 月 日

274

参 考 文 献

[1] 沈阳市城乡建设委员会等 GB 50242—2002《建筑给水排水及采暖工程施工质量验收规范》北京：中国标准出版社，2004

[2] 上海市安装工程有限公司 GB 50243—2002《通风与空调工程施工质量验收规范》北京：中国计划出版社，2004

[3] 浙江省开元安装集团有限公司 GB 50303—2002《建筑电气工程施工质量验收规范》北京：中国计划出版社，2004

[4] 中国建筑科学研究院建筑机械化研究分院 GB 50310—2002《电梯工程施工质量验收规范》北京：中国建筑工业出版社，2004